景观设计快速表现
——线稿篇

FAST PERFORMANCE OF LANDSCAPE DESIGN ——LINE DRAFT

宋盈滨 潘梦妍 钟亚鸣 ◇ 编著
绘世界 张光辉 ◇ 策划

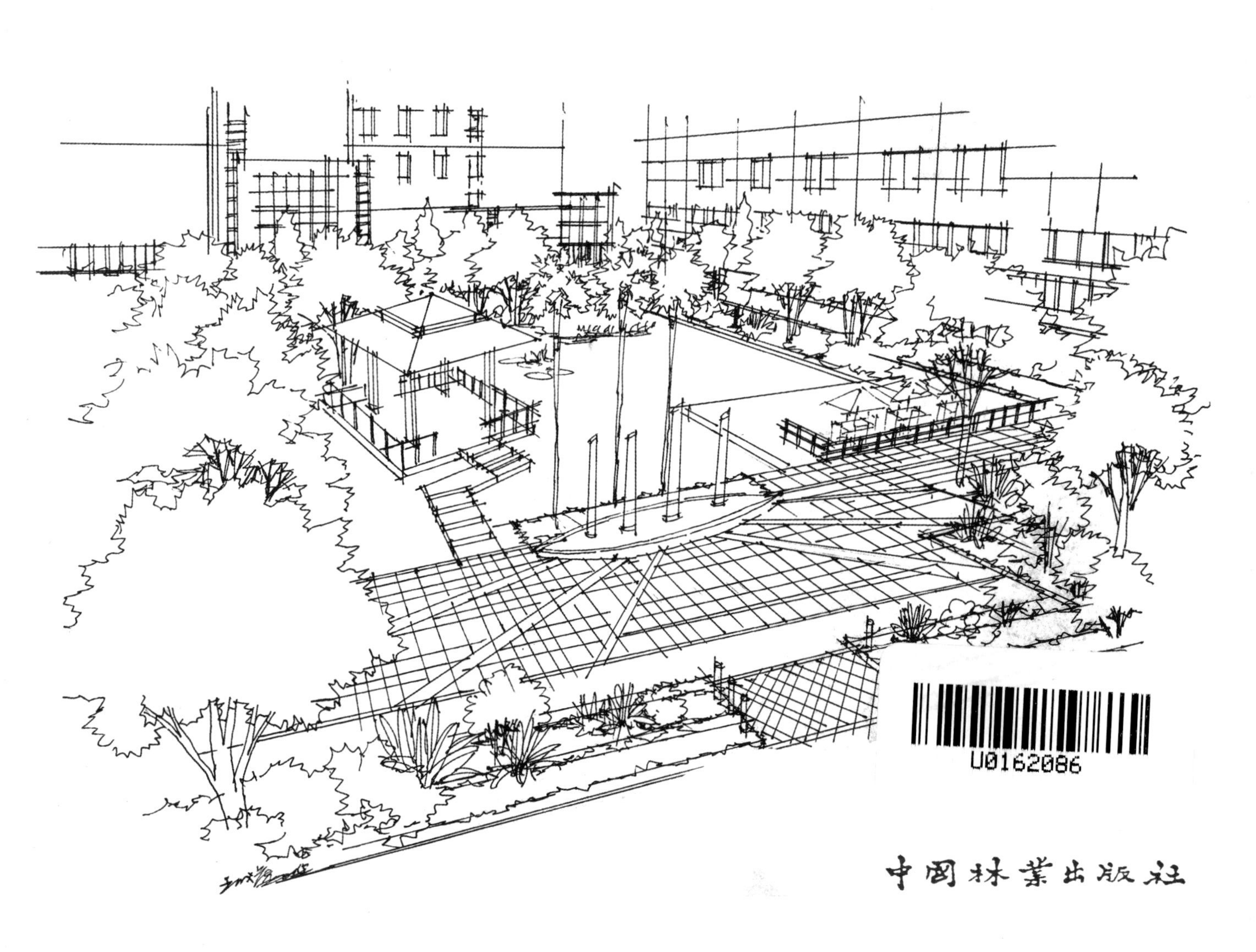

中国林业出版社

图书在版编目(CIP)数据

景观设计快速表现：线稿篇/宋盈滨，潘梦妍，钟亚鸣编著. —北京：中国林业出版社，2021. 4

ISBN 978-7-5219-0934-0

Ⅰ. ①景… Ⅱ. ①宋… ②潘… ③钟… Ⅲ. ①景观设计-绘画技法 Ⅳ. ①TU986. 2

中国版本图书馆 CIP 数据核字(2021)第 006341 号

中国林业出版社

特约策划：张光辉
责任编辑：李 顺 马吉萍
电　　话：(010)83143569

出　　版：中国林业出版社(100009 北京市西城区德内大街刘海胡同 7 号)
网　　站：http://www.forestry.gov.cn/lycb.html
印　　刷：北京紫瑞利印刷有限公司
发　　行：中国林业出版社
版　　次：2021 年 4 月第 1 版
印　　次：2021 年 4 月第 1 次印刷
开　　本：889mm×1194mm 1/16
印　　张：9.25
字　　数：250 千字
定　　价：58.00 元

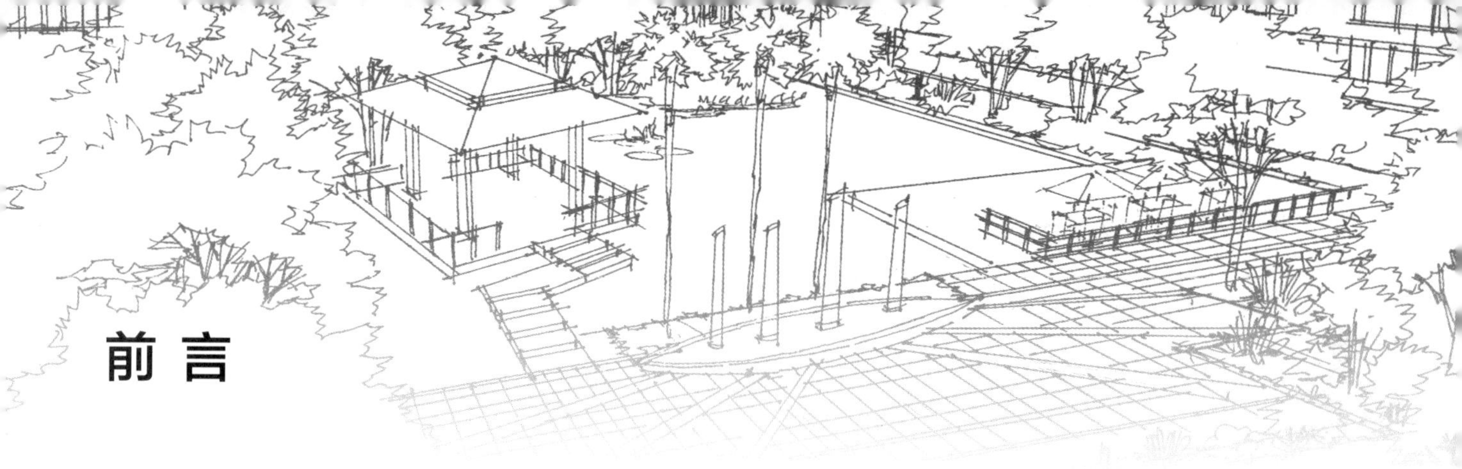

前言

景观设计手绘线稿表达不仅是环境设计专业学生的重要基础课程，也是园林、建筑、规划等相关专业学生和从业者应该掌握的技能，更是景观设计师必备的一门技术，无论是前期方案构思阶段还是设计过程的展示，都离不开手绘线稿的表达，它不仅可以反映景观场地的空间布局关系、运用的材料类别，而且还可以展现场地的色彩关系、场地的主题特色。

本书系统讲解了景观设计手绘线稿表达上的各方面内容，包括手绘线稿工具的使用技巧、线条的绘制、透视基础、材质表达以及不同的景观空间绘制核心方法等，并以景观设计原理为核心，全面讲解相关专业知识，案例资料非常丰富，包含景观快题设计作品和评析，帮助初学者对景观设计有更全面的认识。本书共6章，第1章为绪论；第2章为景观手绘的前期准备；第3章为常用单体元素的训练；第4章为立体空间的构成“桥梁”；第5章为不同类型的景观空间解析；第6章为设计方案综合表达。其中，武汉工商学院宋盈滨主任负责本书第2章至第5章的编著工作，武汉工商学院潘梦妍老师和武汉工商学院钟亚鸣老师负责本书第1章的编著工作。

本书具有较强的实用性和针对性，会对环境设计专业学生的方案绘制能力有很大提升，可加强教师和学生间关于方案推敲上的沟通能力，是景观设计从业人员及手绘爱好者不错的参考用书。

特别感谢中国林业出版社李顺副编审、马吉萍编辑，绘世界手绘机构张光辉老师，中国地质大学(武汉)廖启鹏副教授、徐青副教授，江汉大学陈莉主任、长江大学何雨清老师，武汉工商学院董晓楠老师、潘梦妍老师对于本书的指导和建议。希望本书讲解的内容能够对景观手绘表现的教学起到一定的参考作用，对学生起到良好的引导作用。本书在编辑过程中，内容上难免存在疏漏，不足之处敬请同行批评指正。

宋盈滨

2020年12月于武汉黄家湖畔

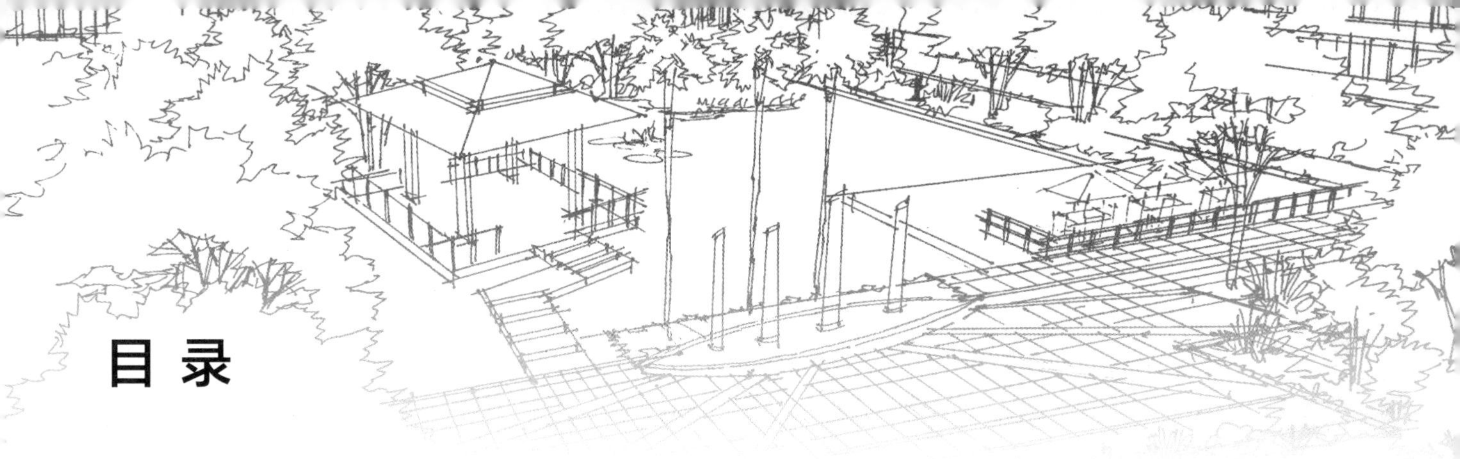

目 录

第1章 绪论

- ◆ 1.1　景观手绘线稿表达的作用和意义
- ◆ 1.2　沟通的过程
- ◆ 1.3　构思主题空间的初步探索
- ◆ 1.4　对场地“体块”的理解和分析

1.1 景观手绘线稿表达的作用和意义

手绘是应用于设计行业绘制图案的技术手法，景观手绘线稿图是景观设计成果的表达方式之一，也是一种对设计方案构思最直观的表达方式。对于我们学习设计专业的同学来说，手绘有着不可替代的地位。手绘贯穿于设计的始终，也是与他人沟通设计思路的重要媒介，此外我们还能通过手绘的方式来记录资料、记录稍纵即逝的设计灵感。设计手绘有别于艺术手绘，其并不需要像美术作品般漂亮，设计手绘只需要能够清楚地表达出我们的设计思路、设计理念即可。相比画面是否美观，景观手绘中各类信息的传递显得更加重要，也是设计师的工作语言。

景观设计方案的完成是一个由浅到深、不断深化完善的过程，与室内设计、建筑设计相同，景观设计在设计的过程中需要大量的图纸来表达思路和理念，包含任务书阶段、前期调研与分析、方案设计和施工阶段。景观类手绘主要包括设计前期构思类草图、设计成果表现图或者效果图。一张完整的设计手绘效果图，线稿是整个效果图的骨架，甚至说线稿的好坏能够决定你最终效果图的成败。因此，注重和加强对手绘设计效果图线稿的训练学习，具有十分重要的意义。

1.2 沟通的过程

(1) 设计方案的推敲思考

通常在一个方案设计的初始阶段，最初的设计意向是模糊的、不确定的。这时候面对设计任务，在思考的过程中往往会出现很多种方案的可能性。而这种可能性有时候是转瞬即逝的灵感，就需要你快速地用手绘把这些构思描绘下来。手绘是设计方案推敲思考的一个过程，能够很好地把手脑调动起来，加快脑袋的运转速度。简简单单的几个点、几条线、几个面很容易激发更多的想象力，从而不断地产生新的创意。

(2) 积累素材、扩展思路

通过手绘草稿的形式，记录平时翻阅的资料或案例，有助于加深我们对案例的理解，有时也可以配上文字注释，将这些资料整理成册形成自己的素材库，做设计的时候脑海中也会形成大量的信息库，拓展设计师敏锐的设计思路，做设计时更能够得心应手。

(3) 快速传达设计构思与设计理念

随着计算机辅助技术与各类绘图软件应用的普及，使用电脑制作设计图占据着重要的地位，所绘制出的设计图能够较为真实地表现空间形态，展示出设计方案构建的虚拟空间场景，但由于电脑制图所需要的时间和硬件设备等因素，使其存在一定的局限性。而作为景观设计师，在日常与客户交流沟通的过程中，景观手绘线稿能够及时、有效地向客户传达和展示设计理念，并能够快速且真实地反映出设计人员的专业素养和能力。

1.3 构思主题空间的初步探索

景观设计所涉猎的范围和尺度较广，从庭院到邻里社区，再到城市公共空间，通过设计寻求解决场地中各类问题的方法。设计在很大程度上需要依赖表现，在进行具体方案设计之前，要认识到解决问题可以有多种可能性，需要经过大量的思考，那么手绘则是一种表达构思的方式并丰富思考的过程。首先对场地进行结构划分，从整体出发考虑各个区块之间的关系与联系。通常采用绘制图解气泡图结合箭头的形式，作为场地结构的初步展示，如图 1-1、图 1-2 所示。

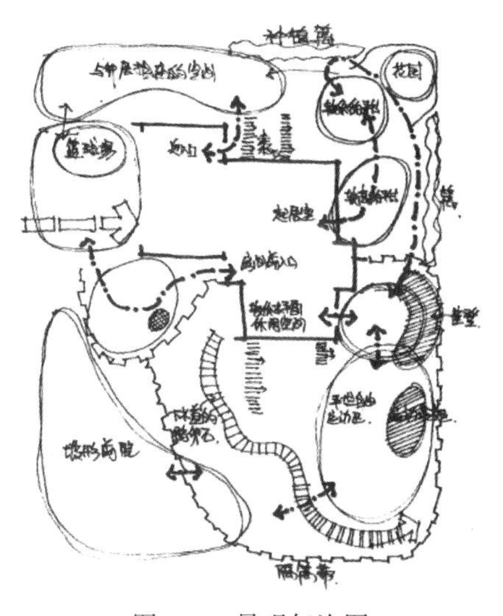

图 1-1　景观气泡图

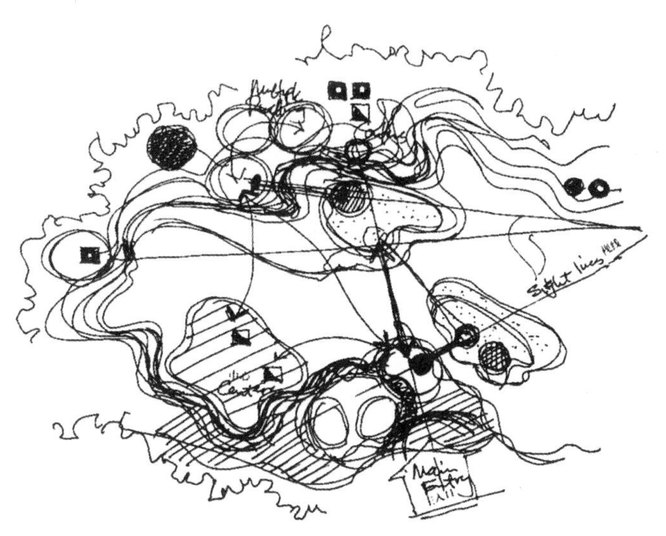

图 1-2　景观气泡图

1.4　对场地“体块”的理解和分析

景观设计从某种程度上可以理解为对土地的利用，空间是场地细分的结果和设计的媒介，空间体块的组织主要通过对空间的围合与界定，来为人们提供不同的使用功能并供人们观赏的景观。在具体展开景观手绘练习之前，需要系统地学习和理解如何组织景观空间、规划场地体块。

1.4.1　景观空间界定

景观空间有主要三个空间限定要素组成：基面、顶面以及垂直面。三要素单独或共同组成实质性、有效范围的景观空间。

基面是基地平面，场地的规划设计、功能分区布局等都是在基面上完成。基面同时又是自然表面，在设计构思中要注意其具有的不同性质，区分硬质地面和软质地面的使用，保护场地的自然肌理。可供我们选择的底面材料包括：泥土、砂石、水体；草皮、植物；混凝土、沥青、陶砖等。根据不同的空间性质和需求，同步考虑功能、耐久性、防水、排水等方面选择相应的基面材料。

顶面在景观空间中的限定物较自由，天空、植物、顶棚都可以作为顶面空间的限定。顶面的形式、高度、硬度、透明度、反射率、质地和颜色等都会对限定空间场所产生一定的影响。

垂直面是空间限定中最直接且最易于把握的界面。在景观空间环境的塑造中起着重要的作用。垂直面可以造成空间场所的围合，形成私密、半私密的空间属性。其中墙体、地形、栏杆、构筑物和植物等元素都是常见的垂直面围合要素。

景观空间中的空间感是由平面、顶面、垂直面共同组合而成。对于景观空间设计、空间的塑造至关重要。景观空间由于功能的要求需要对空间进行限定，以此来满足人们的各种需求。景观空间的限定指的是我们使用各种造型手段在初始空间中对空间进行划分。我们通常从两个角度去讲解，一个是水平方向的空间限定手法，另一个是垂直方向的空间限定手法。

(1) 垂直方向的限定

用垂直方向的构件限定空间的方法有围合和设立。

1) 围　合

围合是空间限定最典型的形式。围合造成空间的内外之分，一般来讲，内空间具有明确的使用功能，用来满足不同的使用需求。

由于包围的程度不同，创造空间的情态特征也不同。全包围限定度最强，形成的空间比较封闭，从而具有强烈的包容感和居中感，人处于此类空间会感觉到安全，空间情态私密性强，当空间的尺度较大时，空间便具有庄严雄伟的特征。

当在全包围的侧面打开一个开口时，开口处就形成了一个虚面，在虚面处可产生内外空间的流通和共融的趋势，造成向内空间的强烈吸引，开口越大，流通性越强。双开口形成方向，空间形态具有指引性。若强调方向的轴线性，则空间形态的纪念性增强，而减弱轴线时，则空间形态显示活泼。

多开口状态形成的空间具有强烈的内外空间的通透性，内空间的居中感和安全感消失，而外空间则具有一定的聚合力。当开口越多越大时，外部的聚合力越强，内部的限定性越弱。

2）设　立

将物体设置在空间中，指明空间中的某一场所，从而限定其周围的局部空间，这种空间限定的形式称为设立。设立是空间限定最简单的形式，设立仅仅是视觉和心理上的限定，不能够确定具体肯定的空间，因而设立所形成的空间没有明确的形状和尺度，空间的大小是由实体形态的力、势、能等因素决定的，而实体也往往具有标志性。因此，实际训练中，实体的形状、大小、色彩、肌理等方面的设计十分重要。例如，人民英雄纪念碑的碑体设计对其周围空间的大小和情态氛围具有直接的影响。

设立形成的空间具有强烈的聚合力，因此设立往往是一种中心的限定。如广场上的纪念碑能引导人们向此集中。而当设立的构件呈横向延伸时，这种聚合力也会顺势产生导向的作用。

（2）水平方向的限定

用水平方向的构件限定空间的方法有覆盖、肌理变化、凹凸和架起。

1）覆　盖

覆盖是形成内部空间感的重要手段之一。覆盖只有顶界面，人可以在顶面下方自由穿梭。因此在空间上、功能上和场所中都是一种重要的限定方式。建筑、构筑、植被、设施等都可以成为覆盖。覆盖与“灰空间”的产生有着重要关系。

2）肌理变化

肌理变化是指利用地面上肌理的变化来限定空间。这种限定是靠人的心理感受来完成的，空间的限定度极弱，因此这种限定几乎没有实用的界定功能，仅起到抽象的空间提示作用。若应用不同的铺装材料来划分的空间，不能够严格区分空间的使用功能。

3）凹与凸

凸是指将部分地面突出于周围的空间，凹是将部分地面低于周围的空间，凸起和下凹是常用的空间限定方法。运用高差产生凸起或者下凹，通过改变地面的高差完成空间限定，被限定的空间得以独立。下沉的空间往往具有较强的安全性和私密性，不会过于引人注目；而“凸起”限定出来的空间则易成为视觉焦点，通常凹与凸是景观设计中常用的处理方式。

4）架　起

架起是利用水平构件将空间纵向分割，而架起的空间位于上部，凸起于周围的空间，同时在架起空间的下方形成一个覆盖形式的副空间。架起的空间限定范围明确肯定，实际操作时应注意架起空间与下方副空间的流通和连接关系。

1.4.2　场地设计的概念与内容

在对景观空间的设计中，对场地的分析设计是其中极其重要的环节。场地设计是对场地内的各项建筑物、道路、绿化、管线工程及其他构筑物和设施所做的综合分析和布置，是决定景观设计方案成败的基本和必要条件，对场地分析设计一般包括以下几个方面：

（1）现状分析

分析场地以及周围的环境条件，包括自然条件、建筑条件、生态承载力等，明确影响场地设计的各种要素及存在问题，针对其提出解决方案。

（2）场地布局

结合场地内现状条件，分析方案所需各项功能要求，明确功能分区，对场地进行合理的平面规划。

（3）交通组织

合理组织场地内的各种交通流线，避免人车流线之间的相互干扰，对道路、出入口、停车场等交通设施进行具体规划设计。

（4）竖向分析

结合地形，对场地空间进行合理的竖向设计，包括场地内各部分的设计标高、景观建筑的标高，有效组织底面排水等内容。

（5）环境设计与保护

合理组织场地内各种设施，有效控制对环境的污染如噪声等，创造优美宜人的景观空间环境。

场地设计的原则依据：最大限度地发挥生态效益与环境效益；满足人们合理的物质层面的需求与精神层面的要求；最大限度地节约自然资源与各种能源；提高资源与能源利用率；以最合理的投入获得最适宜的综合效益。

第2章

景观手绘的前期准备

- 2.1　线稿表现力
- 2.2　绘图工具介绍
- 2.3　使用工具技巧

2.1 线稿表现力

如果说手绘是设计师的独特语言，那么线条是构成这门语言的重要词汇，是基础中的基础，也是手绘之路的第一步。线条的好坏直接关系到整个手绘作品的好坏，一副好的景观手绘线稿，往往只需要稍作润色，即可成为优秀的景观效果图。徒手表现和尺规制图是景观手绘表达的两种主要方式，无论是哪种方式都需要做到对线熟练、灵活的把控，需了解不同类型线条的表现手法、绘制技巧以及使用要点并长期练习。

线条在景观手绘中分为很多类型，不同的线性如曲直、柔和、流畅、速度的线，呈现出景观空间中的不同材质，表达出空间中层次的虚实，如图 2-1 所示。

(a) 线条绘制的光影效果

(b) 线条绘制的流畅效果

(c) 线条绘制的虚实效果

图 2-1 景观手绘效果图

2.2 绘图工具介绍

景观手绘的绘制可以通过不同的绘图工具去完成，初学者在练习时，首先要选择一个自己能够把握的绘图工具，也可以根据绘图的要求和内容来选择相应的合适工具。以下为常见的手绘绘图工具，包括了笔类工具、纸品和材料类工具以及辅助类工具。

2.2.1 水性笔和签字笔

如图 2-2 所示，水性笔的种类有很多，书写流利，而且价格适中，比较适合初学者进行手绘练习。但用笔过快，会导致线条断笔和不流畅的情况出现，且与铅笔结合使用时会出现打滑的情况。常用的有三菱签字笔、晨光签字笔等。

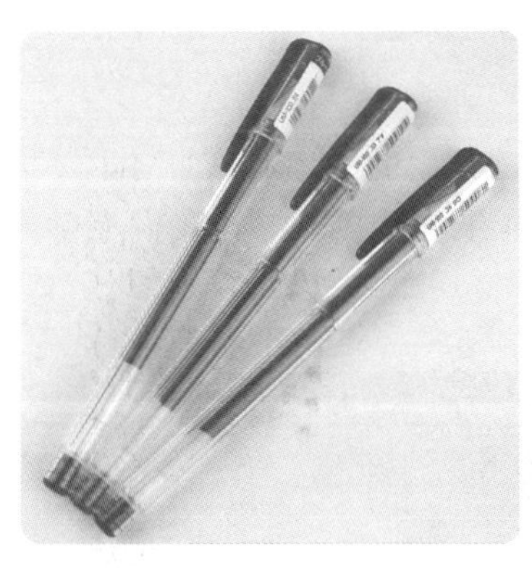

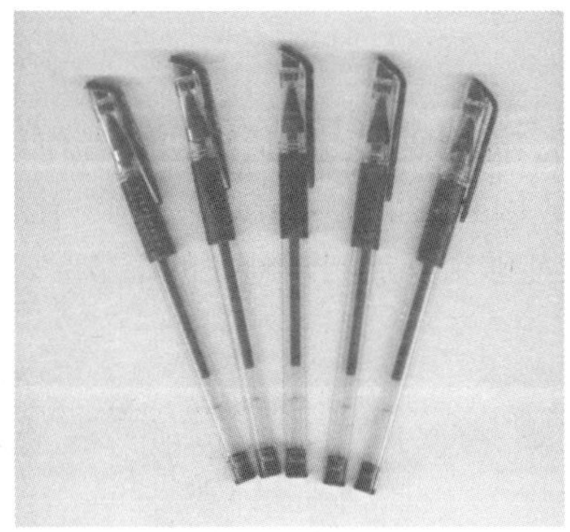

图 2-2 不同品牌水性笔

2.2.2 针管笔

针管笔对于学习设计的同学来说并不陌生，针管笔可分为一次性针管笔和可灌水针管笔。根据笔头的型号又可以分为 0.1、0.3、0.5 等。对于初学的同学建议用 0.5 的，太细的笔头容易堵笔。我们常用的针管笔品牌有樱花、三菱，还有我们常见的“小红帽”(图 2-3)。这类型的笔在画线条的时候因为笔头较软可以轻松地画出线条的弹性，但其弊端是有的针管笔墨溶于酒精会与马克笔相溶，如果在平时练习时可将线稿复印然后再上色，如果是在快题考试中务必提前测试好自己的针管笔是否溶于马克笔。

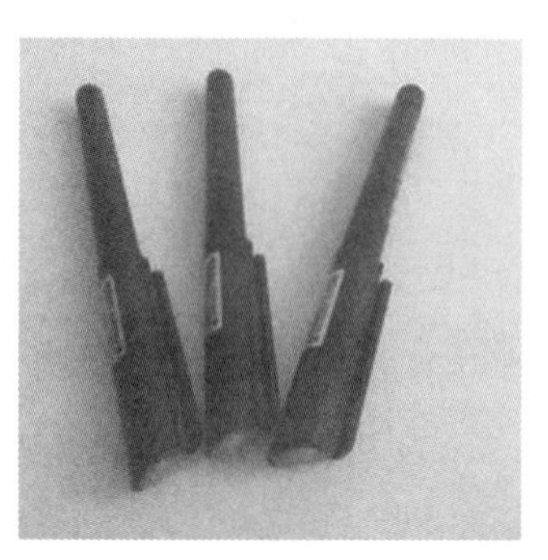

图 2-3　不同品牌针管笔

2.2.3　钢　笔

钢笔也是很多手绘爱好者喜欢的工具，根据笔头的不同分为普通书写钢笔和美工笔两种。美工钢笔就是俗称的弯头钢笔，根据用笔的力度和笔头的角度，能够画出粗细变化丰富的线条，对于初学者而言美工笔较难控制，建议使用普通书写钢笔来学习手绘，因其比较容易控制，且画出来的线条流畅，挺拔而富有张力，能够很好的表达出手绘线条的特有魅力。学生常用的钢笔有英雄、红环、菱美、施耐德等(图 2-4)。使用钢笔练习手绘时要注意，钢笔的笔迹干得较慢，所以画图时手腕尽量不要接触画面，防止蹭脏画面。

图 2-4　不同品牌钢笔

2.2.4　复印纸

复印纸光滑细腻，价格便宜，很适合初学者使用。常用的图幅有 A3、B4 等规格，初学时推荐使用 B4 规格(图 2-5)，因其大小比 A3 纸要小些，比 A4 纸大些，能够让我们在学习手绘时很好地把握画面的整体效果，又能够很好地刻画画面的细节。

图 2-5　B4 复印纸

2.2.5　草图纸和硫酸纸

草图纸和硫酸纸均呈半透明(图 2-6、图 2-7)，常用作手绘辅助工具，便于修改和调整，对初学者而言也可以进行蒙图练习。运用草图纸和硫酸纸时，建议与针管笔或钢笔搭配使用，因为油性笔在此类纸上极容易打滑和断墨。

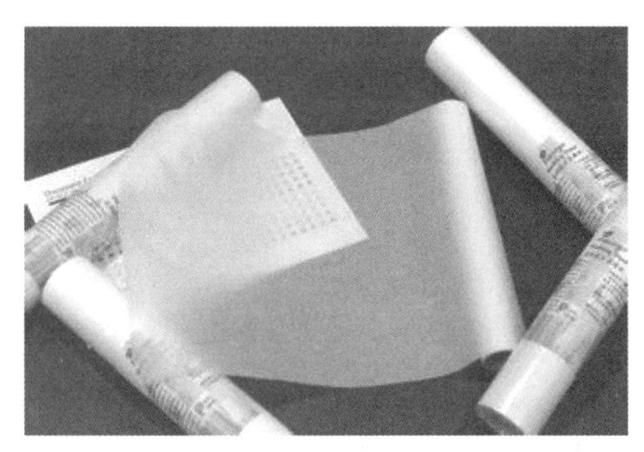

图 2-6　草图纸

图 2-7　硫酸纸

2.2.6　辅助工具

(1) 速写本

速写本是练习手绘必不可少的工具，是日常搜集整理素材和记录灵感的重要媒介。速写根据纸张的大小可以分为很多种，大家可以根据自己的需求来选择。如果是写生建议选择 B4 即可，如果用于搜集素材建议用 B5 方便携带(图 2-8)。

图 2-8　B5 速写本

(2) 尺子

三角板、丁字尺以及模板尺是制图常用的工具(图 2-9～图 2-11)。而我们在学习手绘线稿的时候多用平行尺(图 2-12)，在绘制平面图时还会用到比例尺、蛇尺等工具(图 2-13、图 2-14)。在初学时可以借助尺子快速地掌握透视和体块比例。

(3) 其他

橡皮作为手绘工具中主要的涂抹类工具，为了保证图面整洁、橡皮碎屑较少，建议购买质地较好的橡皮，如辉柏嘉、施德楼等品牌。除此之外，还应准备粘贴工具和裁纸工具，方便绘图时固定图、裁切纸张等，如图 2-15 所示。

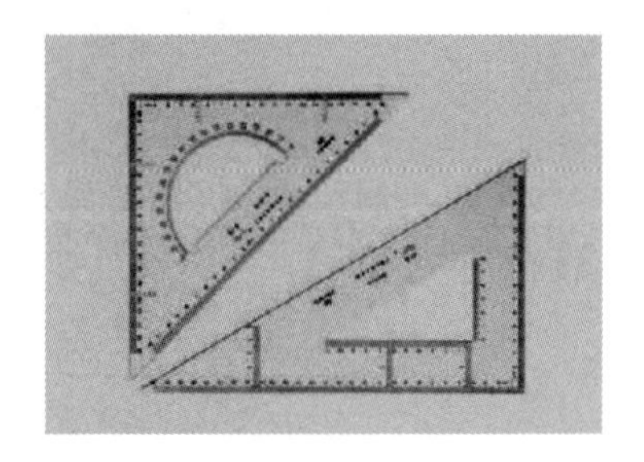

图 2-9　三角板

图 2-10　丁字尺

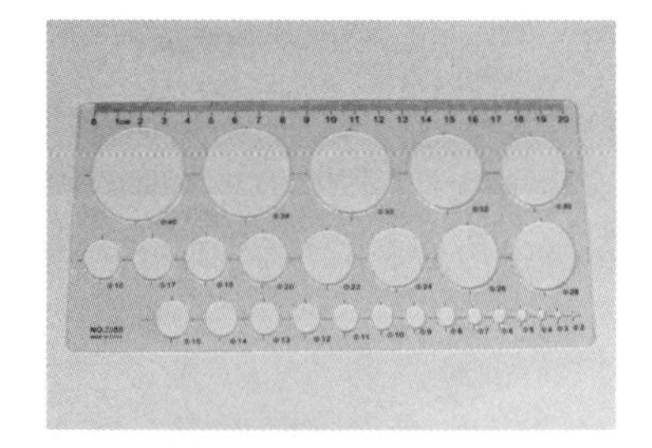

图 2-11　模板尺

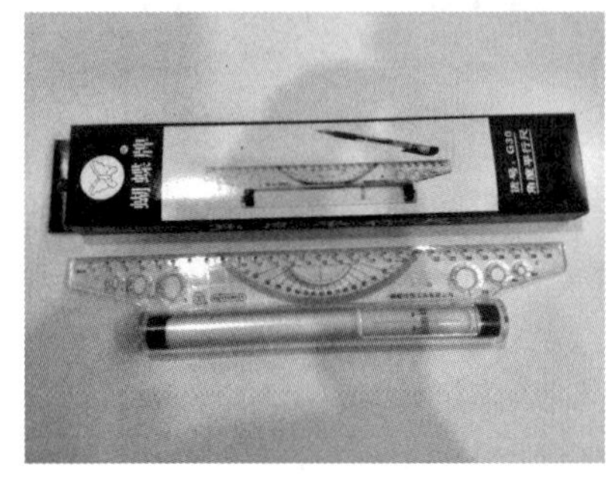

图 2-12　平行尺

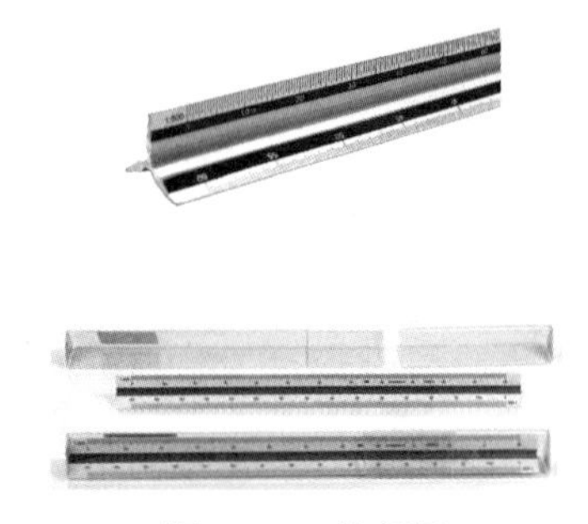

图 2-13　比例尺

图 2-14　蛇尺

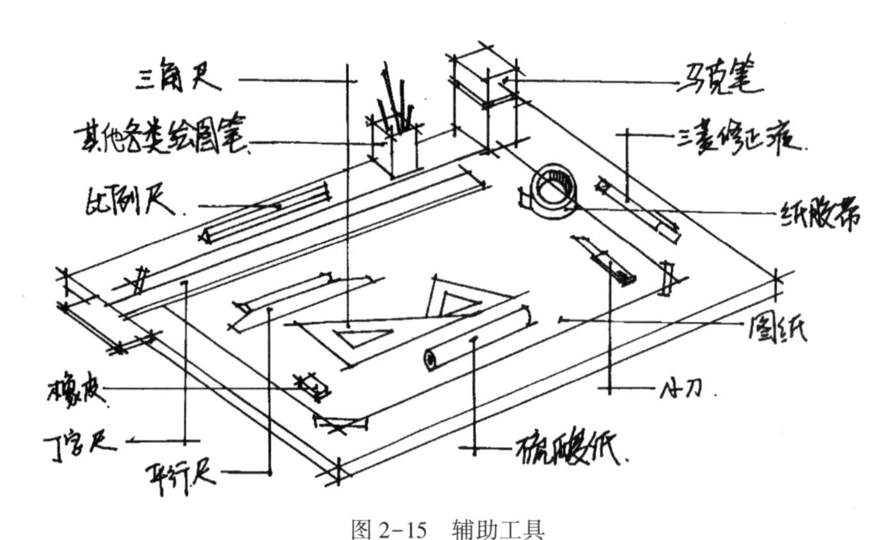

图 2-15　辅助工具

2.3　使用工具技巧

2.3.1　线稿线型表达

（1）干脆利落的直线

如图 2-16 所示，要画出干脆利落的直线就要掌握正确的练习方法。

首先，手腕要脱离纸面；其次，画线的时候要通过手臂的移动带动手的移动，切忌以手腕为支点，再次，要把起笔和收笔强调出来，就如同书法当中“一”字的写法，这样画出的线条才是硬朗有弹性的，如同是在墙上钉两个钉子，然后在两个钉子之间绑上绳索，绳索充满张力和力度感，而画面当中的直线亦是追求这种感觉，所以线条的起笔和收笔就如同“钉子墙上的两颗钉子”，它会让线条看起来干脆利落、有力度感。

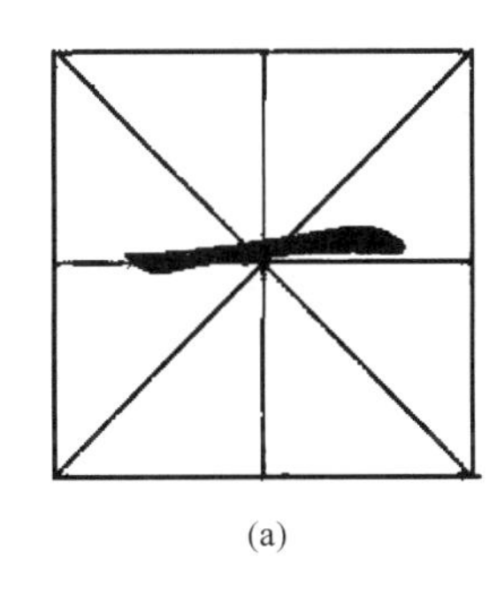

(a)

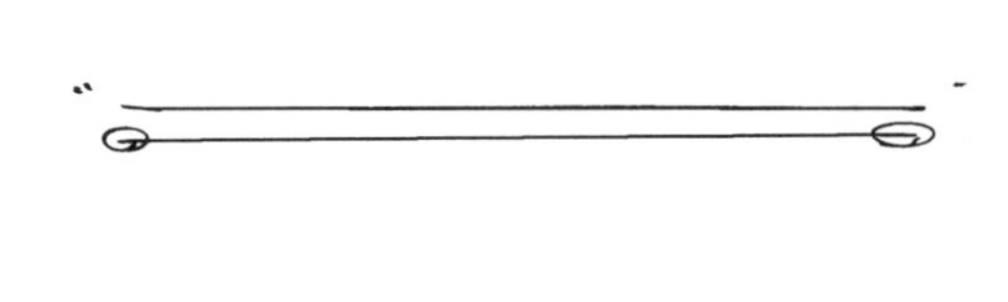

(b)

图 2-16　直线

(2) 传说中的“抖”线

如图所示，相信很多同学看过职业设计师的手稿，很多职业设计师画出的线条并不像尺子画的那么直，而是运用随意自然的线条朴实地画出结构。那么这种线条相对于硬朗的直线，它的优点则是“稳”(图 2-17)。练习这种线条的方法是：

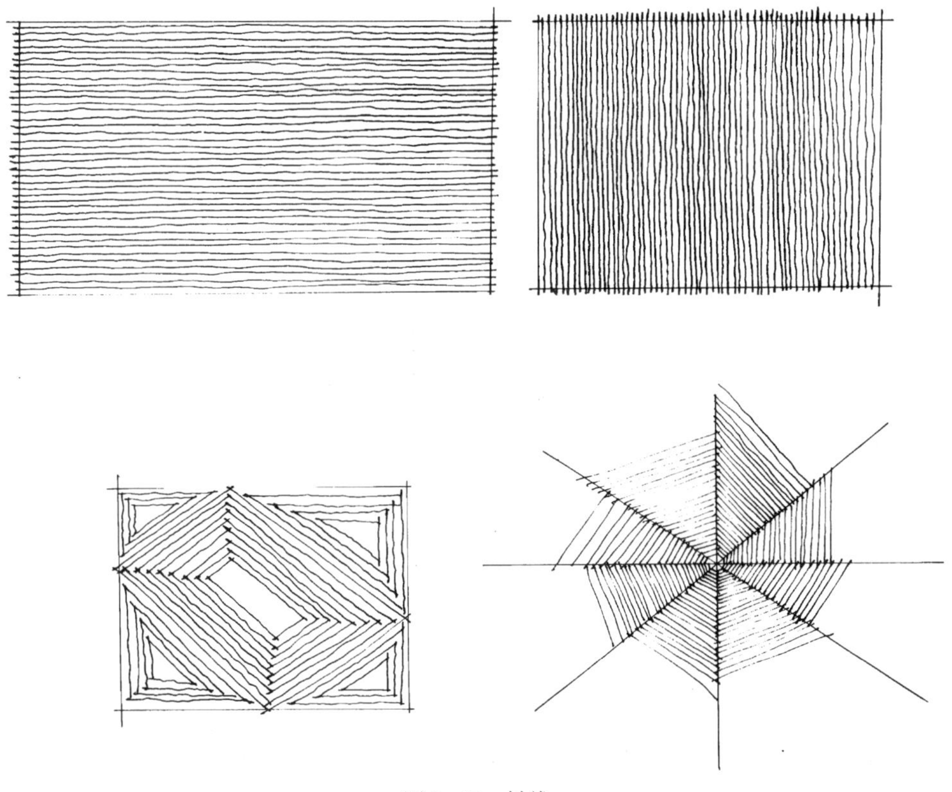

图 2-17　抖线

1）强调起笔收笔。

2）要成组去练习，每组线条的间隔不超过 3mm，且要保证相邻的两条直线不要“粘”在一起。

3）练习时以长线条练习为主，这样才能很好地控制线条。最好是从纸的一端画到纸的另一端，一般这种线条练习两张左右就能控制得很好，并且要练习不同方向的线条。

(3) 看似杂乱的植物线条

表达植物的线条对于很多同学来说，是学习手绘遇到的第一个难点。这种线条看似没有规律，实则可以用很简单的方法演变出不同植物的画法。植物线条相对于其他线条随意自然，以线条的凹凸感表达植物树冠的蓬松感。不同线条凸凹出来的效果是不同的，但凹凸的节奏关系基本是一致的。这种线条需要熟练的运用笔与手腕的力度使线条流畅，画时要保持手腕灵活，线条才能流畅自然，在表达线条的凹凸变化时遇到节奏感相同的时候可以停笔，然后通过接笔的方式打破固定的凹凸变化节奏。

植物线条有很多种类型，如“W”“M”等线条。我们可以把这种线条理解为“手”的造型，通过这样的元素我们可以演变出各种植物，如图 2-18 所示。

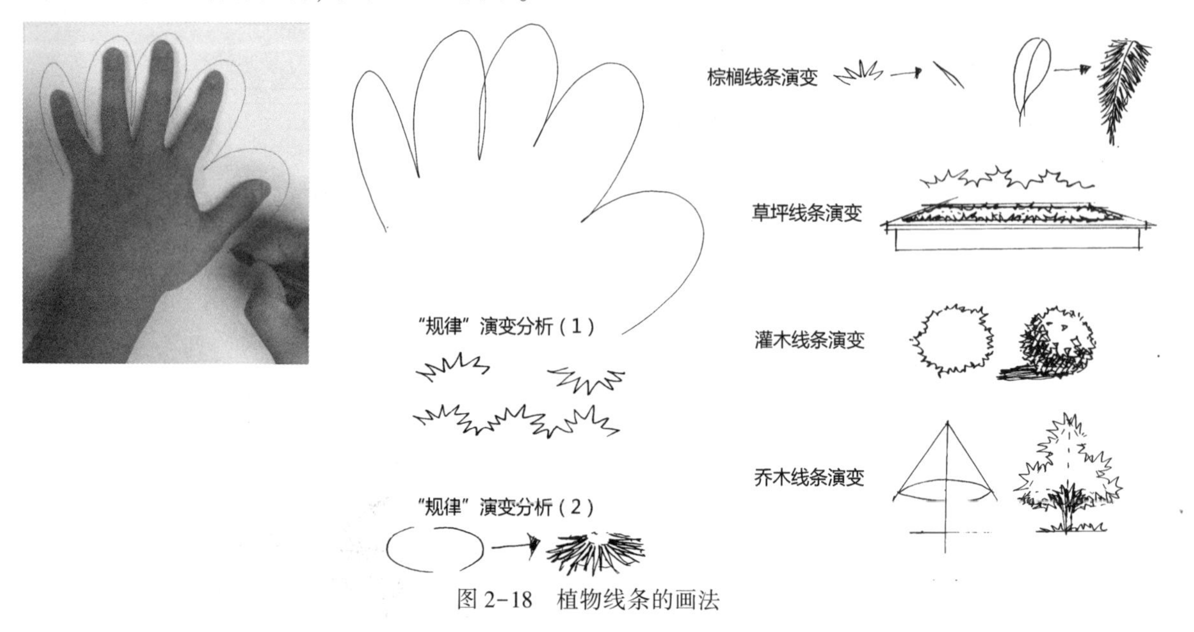

图 2-18　植物线条的画法

2. 3. 2　不同线条的练习和绘制

（1）线条的疏密练习

在整个画面中线条的疏密控制是非常重要的，线条的疏密组织控制着画面的黑白灰关系，如果在一张线稿中疏密关系把握得非常到位能够给上色也带来很大的方便。中国画中讲究“密不透风，疏可走马”，手绘效果图中亦是如此。线条疏密的组合练习，通过不同方向、不同密度的线条组合来形成画面的黑白灰关系(图 2-19)。

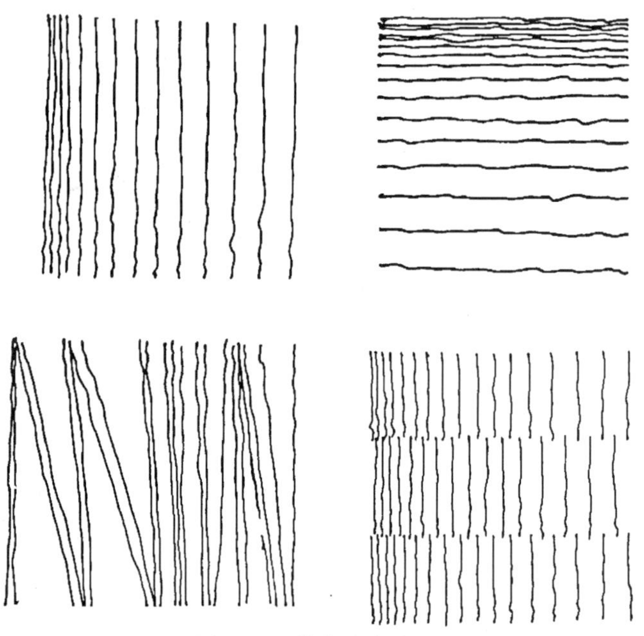

图 2-19　线条疏密练习

（2）线条组合练习

交叉直线——绘制交叉直线练习时，需要注意直线交叉的密度，可以营造丰富的空间层次。注意横线与竖线的转换(图 2-20)。

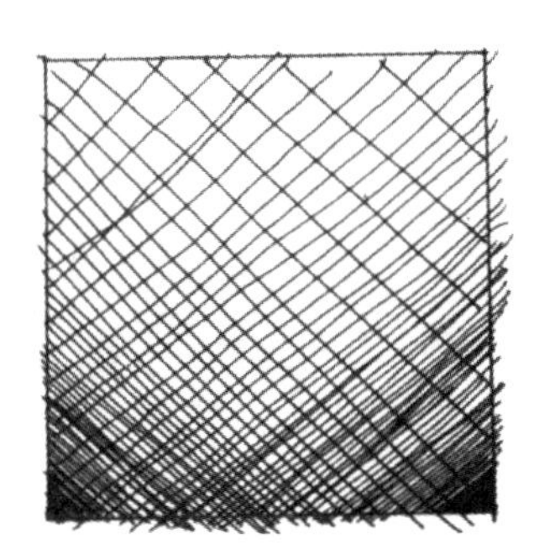
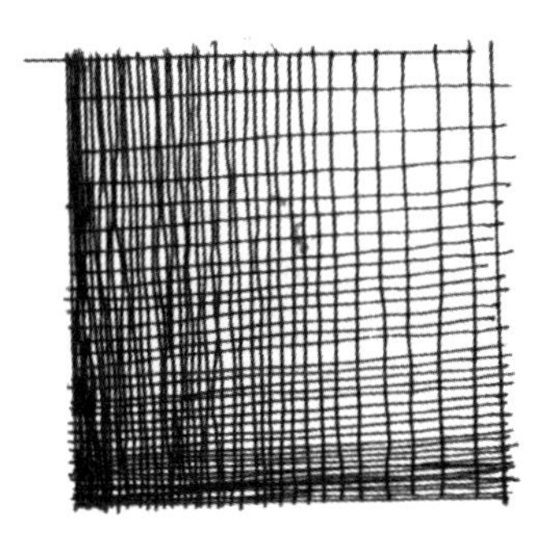

图 2-20　交叉直线练习

放射直线——放射线的练习主要是围绕一点进行，可以选择角度练习，也可以规定一定数量的线条分等分练习绘制。练习过程中需要注意线条的角度与方向的走势(图 2-21)。

(3) 线条表现材质练习

景观手绘中，通过不同类型的线条去表达材质、肌理是必不可少的部分，有利于塑造景观小品、景观铺装等元素的质感、纹理、光线、明暗关系等。在绘制材质的练习时，初学者首先可以通过线条不同的排列方式来体现材质的纹理，并举一反三。列举以下几种常见的材质。

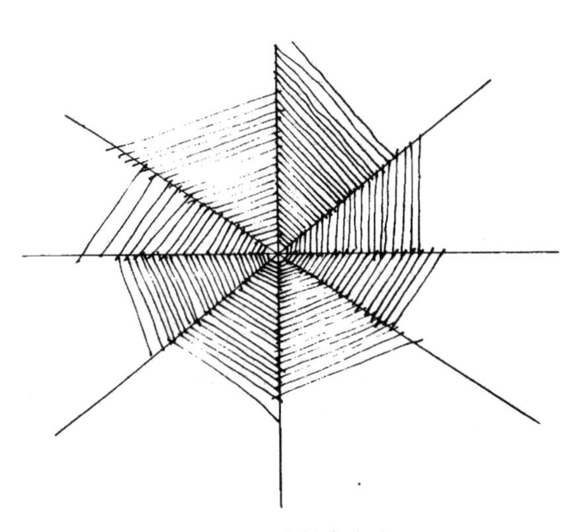

图 2-21　放射直线练习

1) 砖石、混凝土

砖石、混凝土是景观设计中常见的材质之一。手绘砖材主要表达砖的基本比例、排列秩序和组合关系。石块在景观手绘中可以灵活表达，如作为铺地材质的鹅卵石，在绘制时可以不用遵从一定的规律，呈现自然的状态(图 2-22)。混凝土表面一般有比较粗糙的纹理，所以在绘制表达的时候，在表面适当增加一些纹理以体现混凝土的特征(图2-23)。砖石和混凝土是景观手绘表达中常用的材质，在手绘中有些作为景观铺地处理、有些可作为建筑、构筑物处理，总体上需要遵循、参考客观的景物进行整体表达。

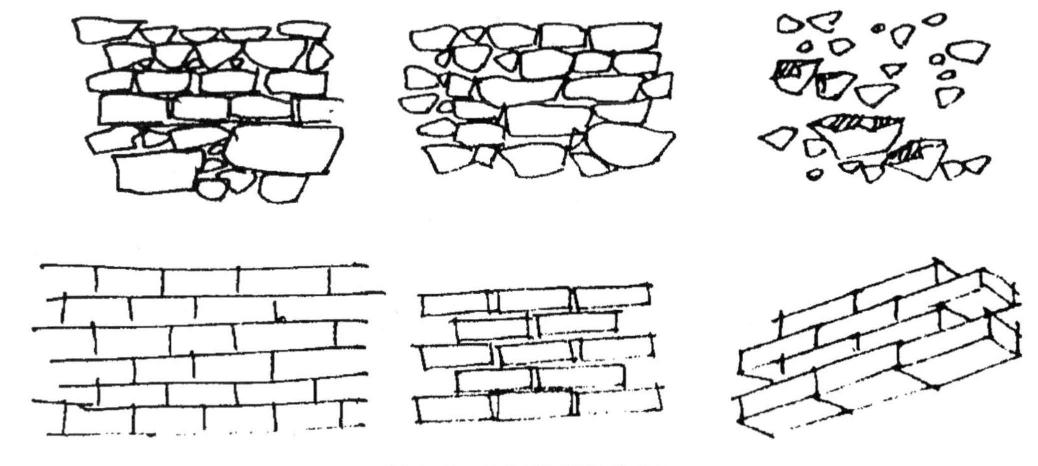

图 2-22　不同砖石材质表达

2) 玻璃、钢材

玻璃的材质一般比较透明，且具有一定的反光性，在建筑中需要由边框固定。在景观手绘表达中，钢材具有结构性，在景观手绘表达中需要注意构建的穿插感与层次感。用线条的疏密表达光影，需要

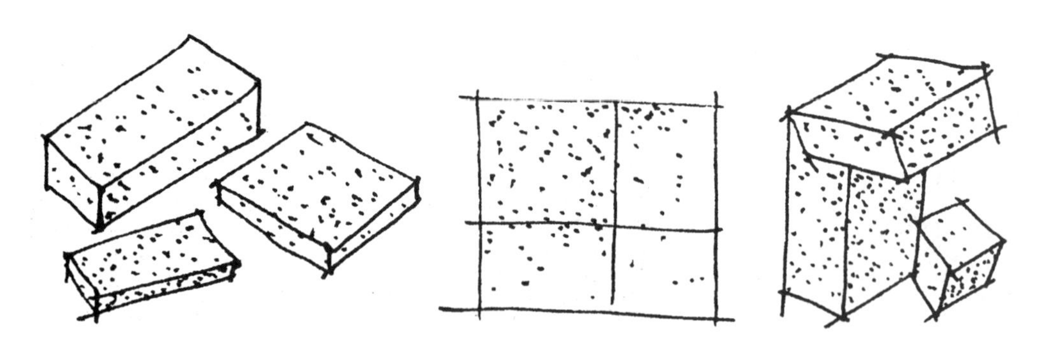

图 2-23　不同混凝土材质表达

注意反光的比例、边框的刻画(图 2-24)。

钢材具有结构性，在景观手绘表达中需要构建的穿插感与层次感。

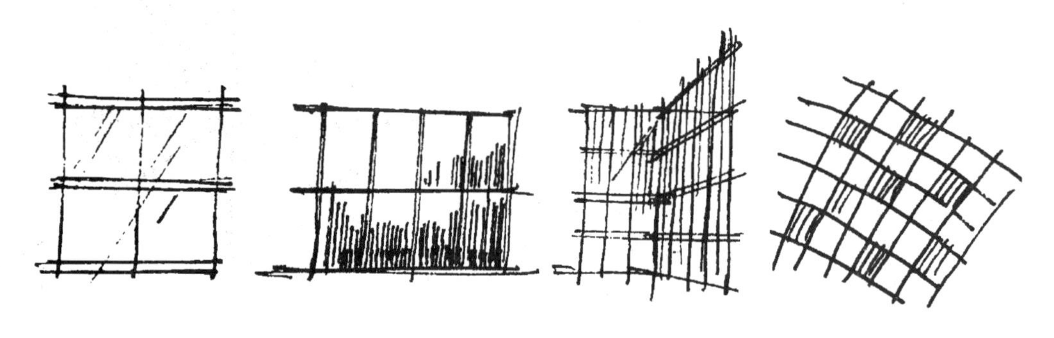

图 2-24　玻璃材质表达

3）木材、大理石

木材也是景观设计表达中常见的材料之一，在手绘中表达木材材质的时候，注意木头的纹理与尺度；木材可作为景观空间构筑物的主材，在绘制时需要表达出穿插感与层次的叠加；在作为铺地材质等用途时，需要注意整体效果和比例(图 2-25)。

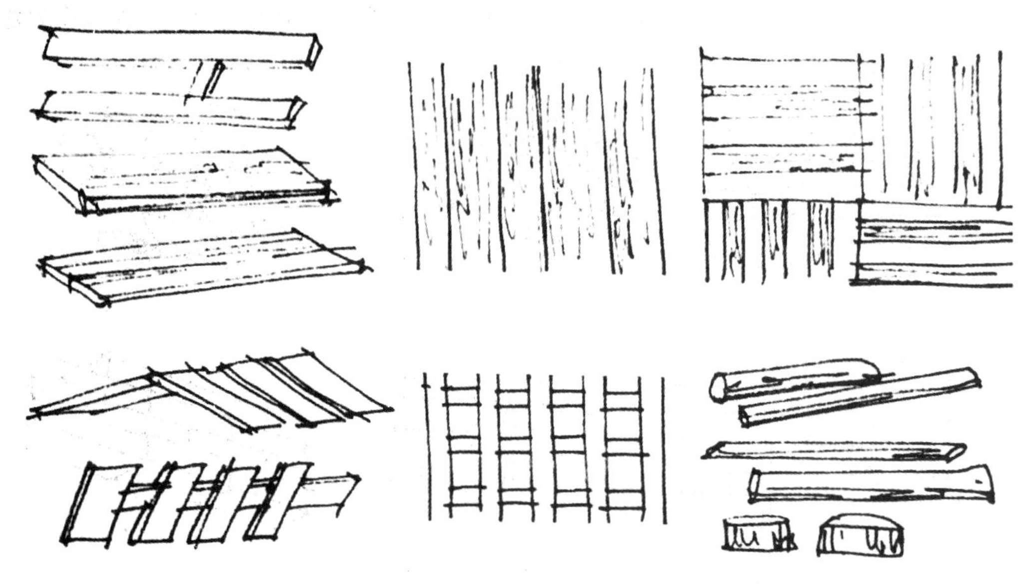

图 2-25　木材质表达

大理石的表面一般可分为平滑与粗糙两种类型，有纹理明显与不太明显之分；需要对石材的比例、尺度、组合关系进行表达，注重绘制的美感(图 2-26)。

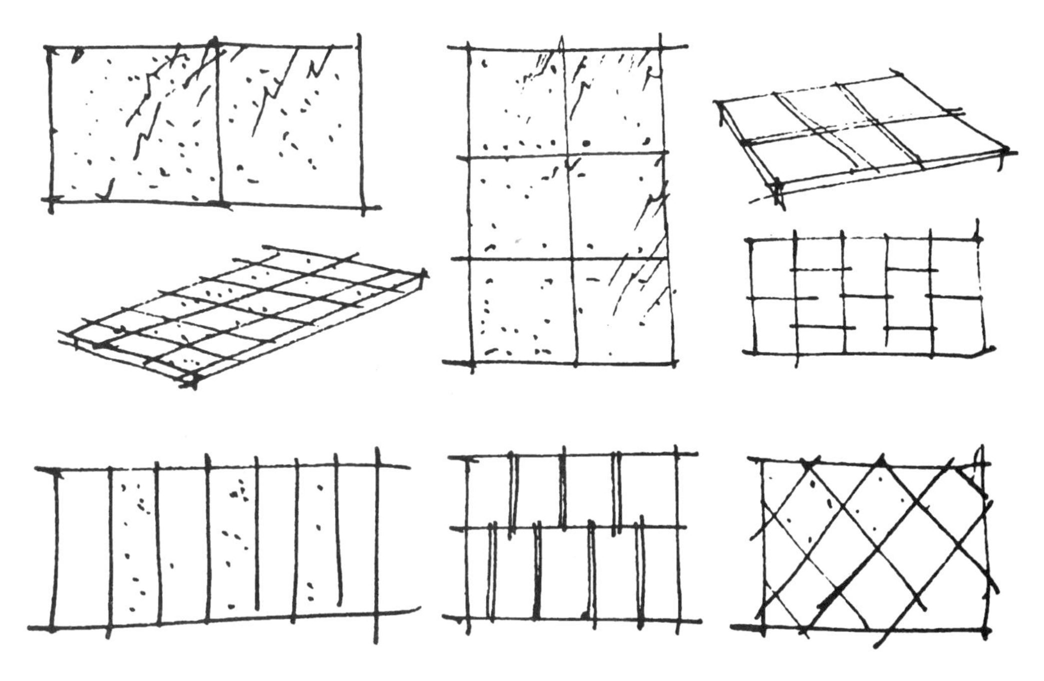

图 2-26　大理石材质表达

4）瓦　片

瓦片是一种比较传统的材料，经常出现在中式风格的建筑中，例如古亭等。瓦片在绘制表达时，需要通过有弧度的曲线组合排列，强调其基本特征，注意疏密关系的刻画(图 2-27)。

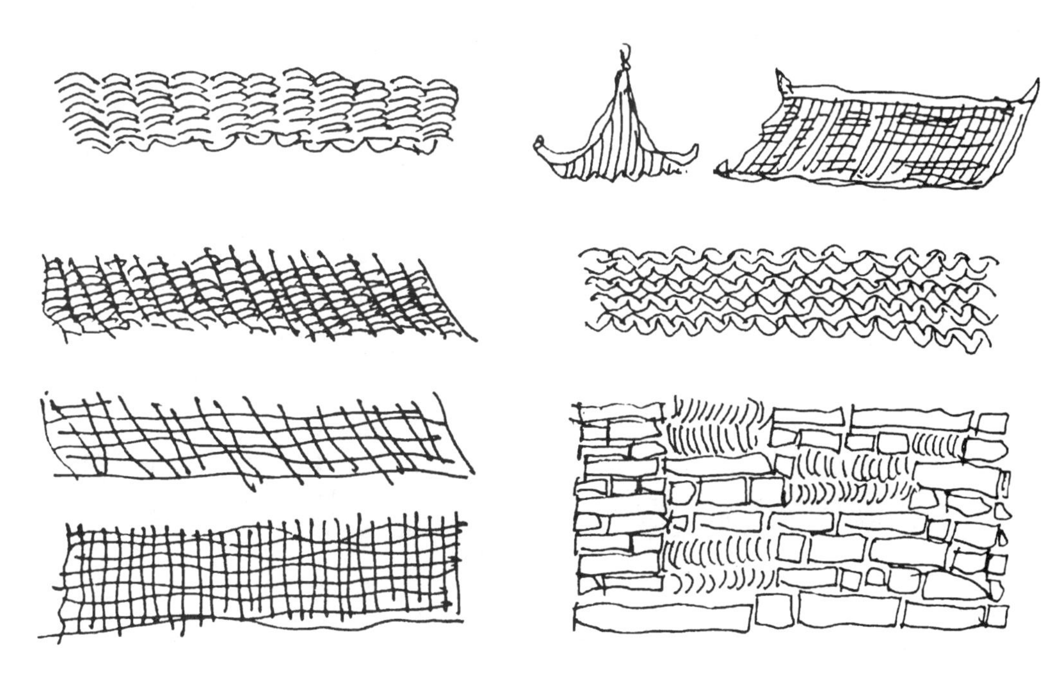

图 2-27　瓦片材质表达

不同景观材质练习如图 2-28 所示。

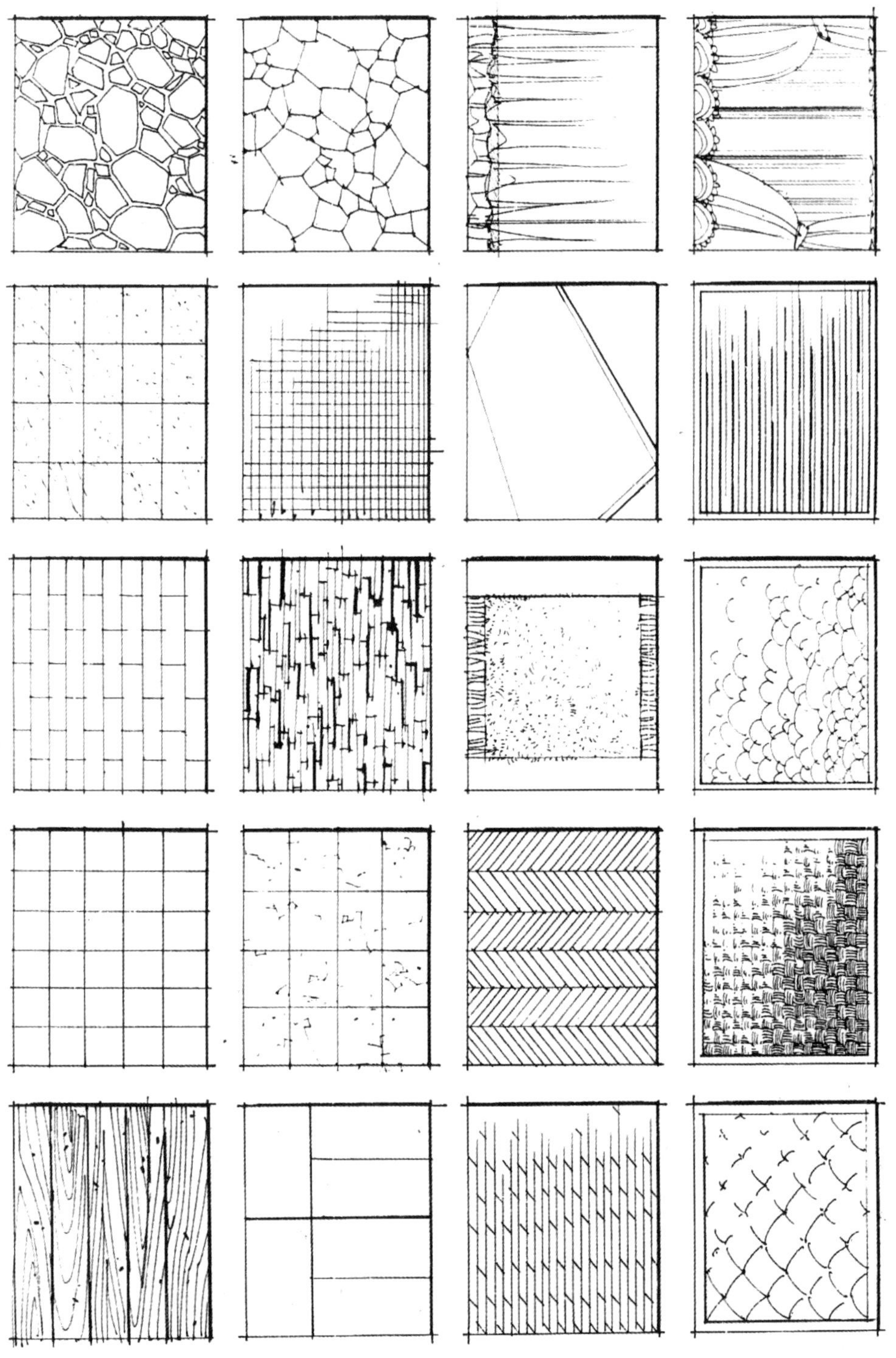

图 2-28　不同材质手绘表达

2.3.3　体块表达

学习景观手绘的基础准备不仅需要掌握了线条的绘制技巧，还需对不同几何体块的绘制进行一定的练习。在景观设计中，无论是景观构筑物还是各种景观设施小品，其基础都是由不同的几何体块组合而成。练习几何体块的绘制，能够辅助我们更好地理解景观单体，包括其明暗面、体块关系、组合方式等。

2.3.4　不同体块的练习和绘制

（1）正方体与长方体

方体块是景观手绘表达中最为常用的体块，常常用于景观构筑物、景观小品的绘制，如广场、公园中的座椅、树池或台阶等(图2-29)。方体块在绘制练习时，严格遵循透视关系，一般情况下水平方向的纵深线可做平行处理。

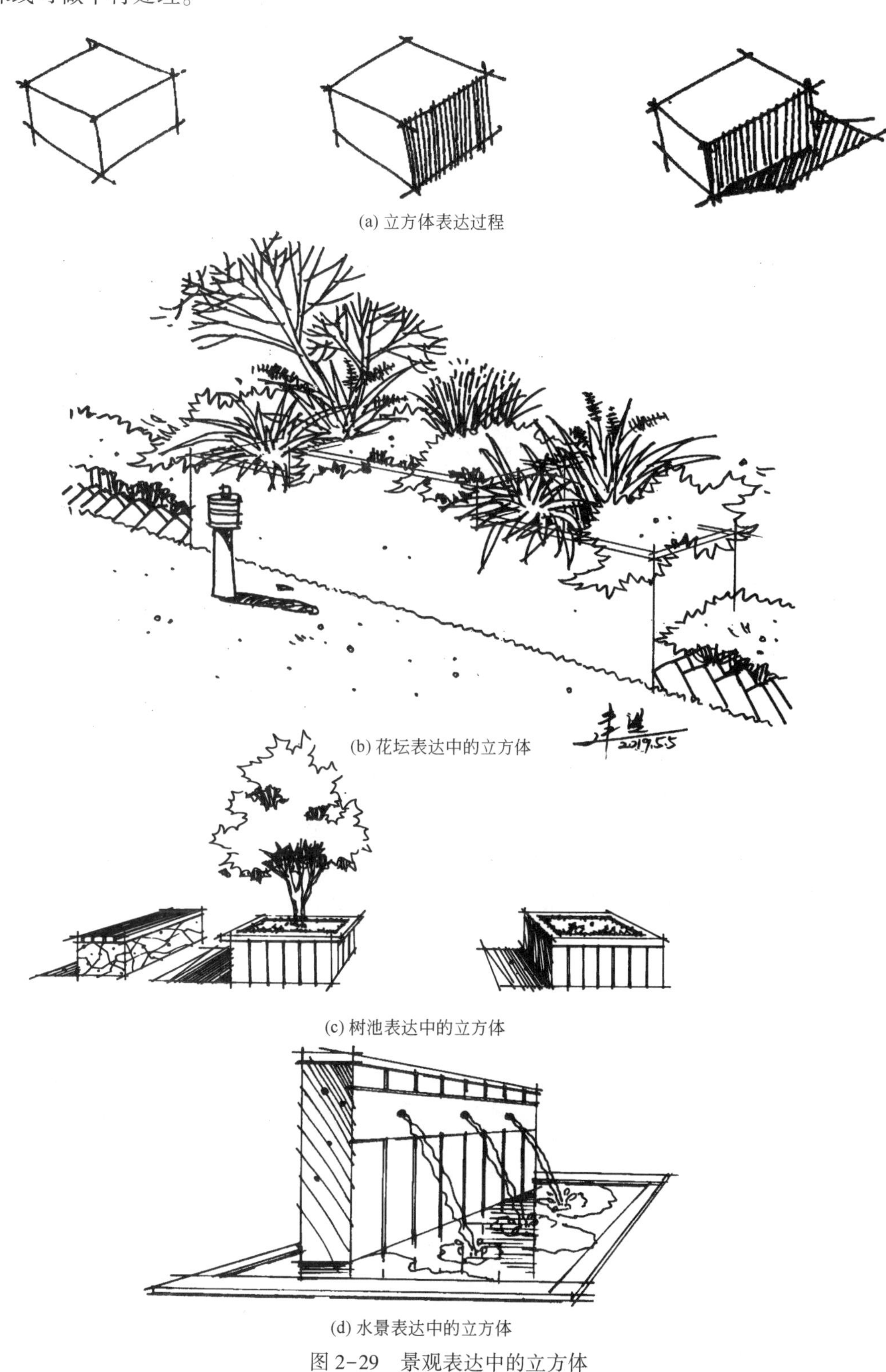

(a) 立方体表达过程

(b) 花坛表达中的立方体

(c) 树池表达中的立方体

(d) 水景表达中的立方体

图2-29　景观表达中的立方体

（2）圆柱体与弧形体块

圆柱体和弧形体块多用于表达景观结构和构筑物小品等用途。例如景观雕塑、座椅、公共服务设施等等。弧形体块在绘制练习的过程中需要注意弧度的大小和流畅性，正确处理拐弯处的透视关系（图 2-30）。

图 2-30　弧形体块表达

圆柱体在景观竖向设计中起着重要的作用，也是常用的景观表达体块之一。由于圆柱体的横截面透视线均为弧线，圆柱体在景观手绘中表达需要注意柱体顶部和底部的弧度透视关系，切勿用横线或斜线表达(图 2-31)。

（3）球　体

从形体上来看，球体相比较于其他的体块略显简单，在绘制练习时注意把握球体的明暗关系，清晰表达明暗交界面，一般可以采用弧面表达。阴影部分用线条的疏密关系去塑造球体的暗面（图 2-32）。

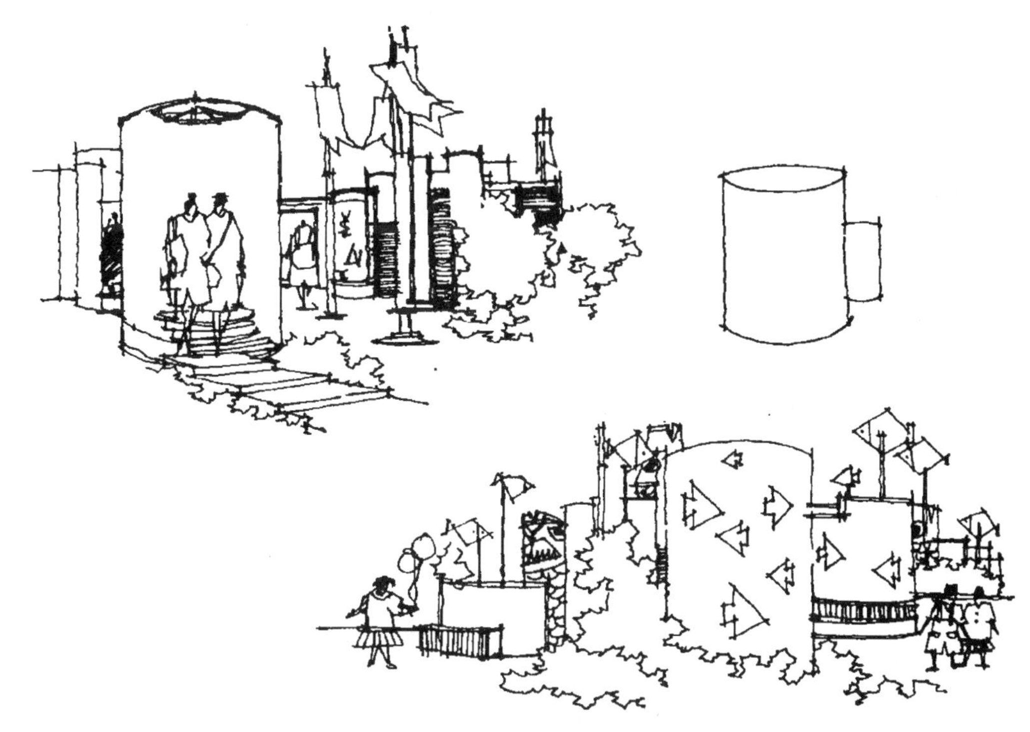

图 2-31　圆柱体块表达

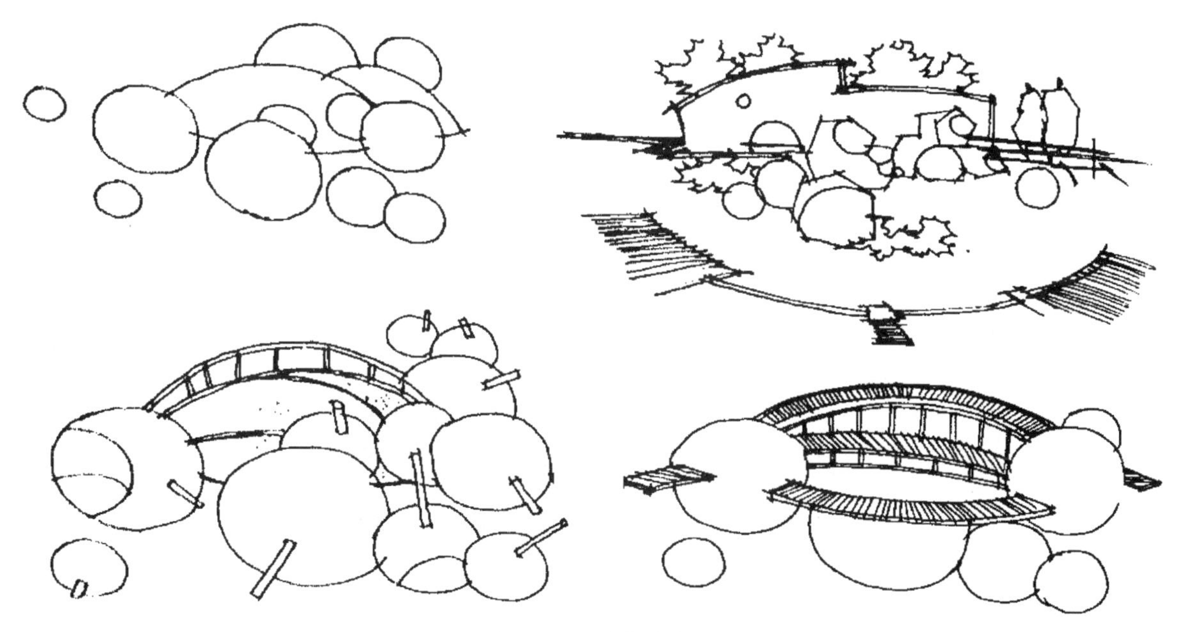

图 2-32　球体表达

(4) 体块的组合与穿插

通过单体体块的基础练习后，可以进行多种体块的组合绘制练习。绘制时把握形体的结构和透视关系，尤其是体块穿插交叠的部分，注意层次关系的把控(图 2-33、图 2-34)。

(5) 物体的投影

景观空间中体块的表达离不开透视和投影，投影对于表达物体造型空间感起着十分重要的作用。在景观手绘线稿中，常见的物体暗部表达通常采用线条疏密排列的形式，并表达出投影的大致范围，如图 2-35 所示。在绘制投影时，主要以自然光(太阳)为主，光线与地面倾斜的角度通常为 45°，如

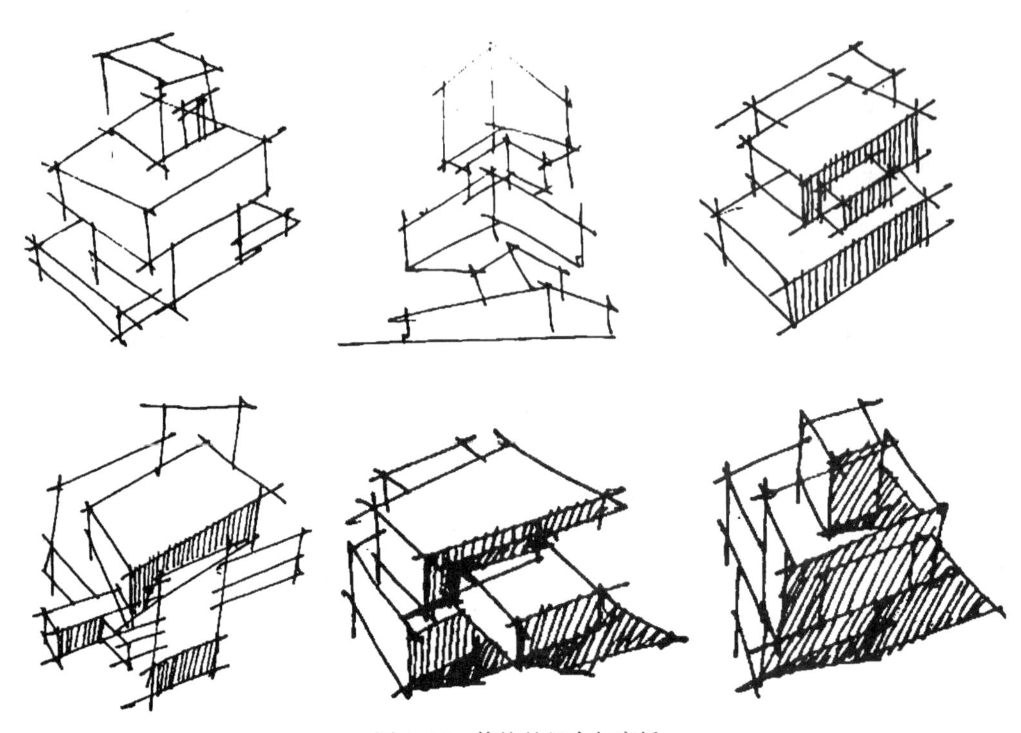

图 2-33　体块的组合与穿插

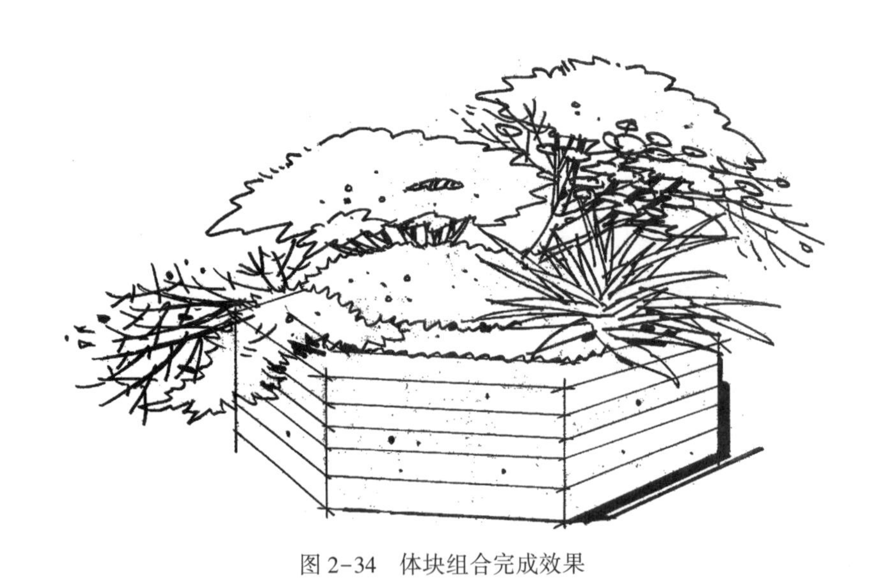

图 2-34　体块组合完成效果

图 2-36 所示。在景观手绘效果图中物体主要直立于地面，需要注意体块的组合与穿插所产生的投影也具有叠加关系。

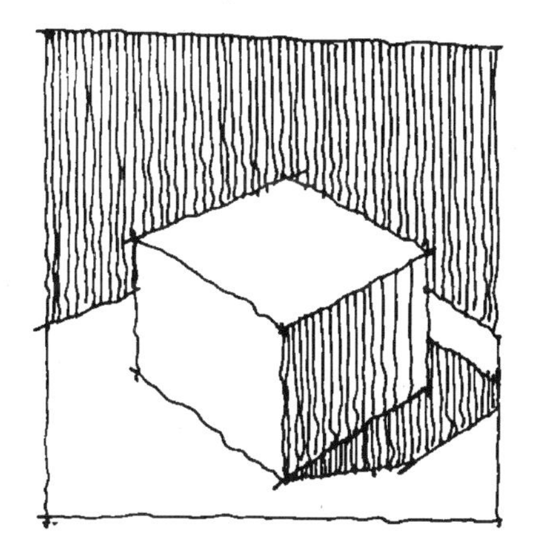
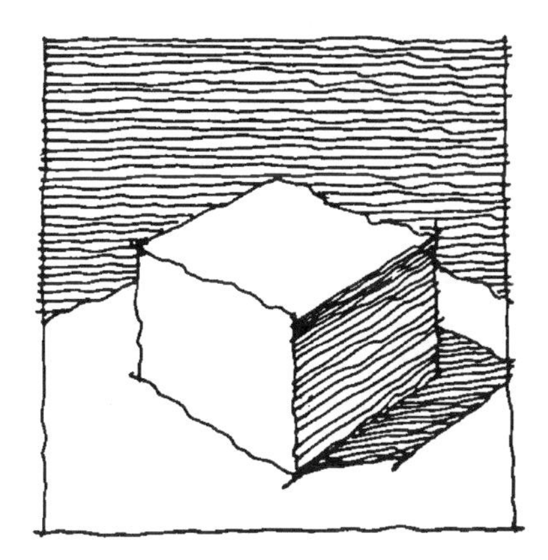

图 2-35　投影基本原理示意图

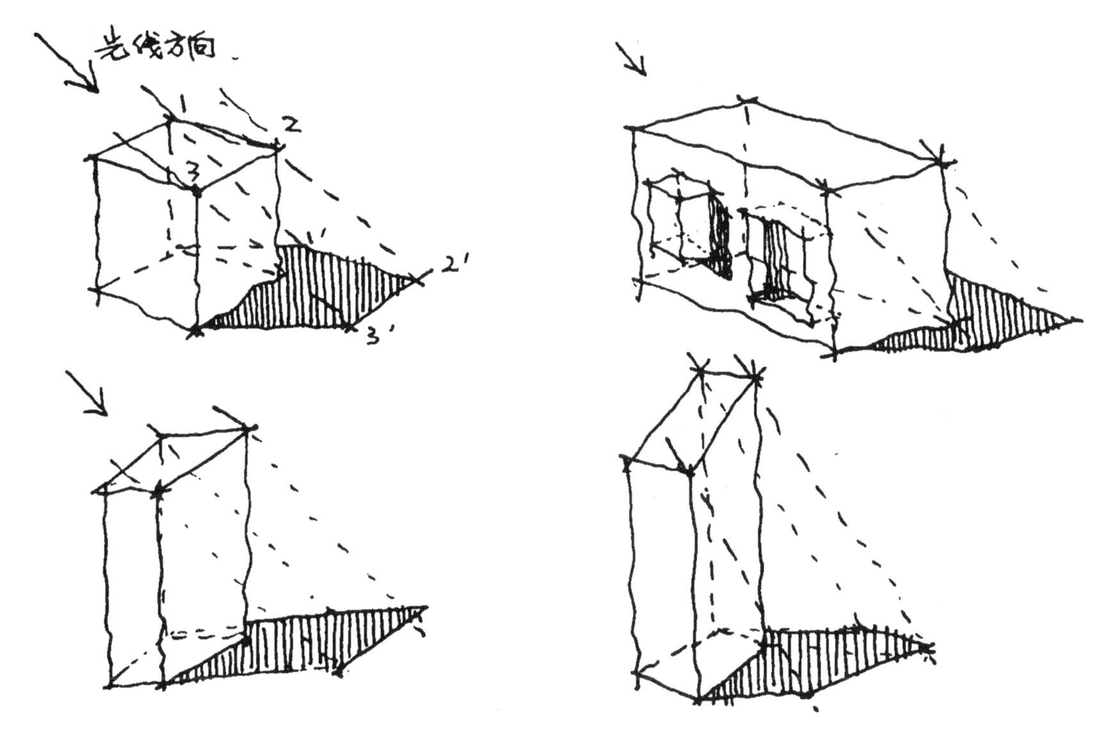

图 2-36　光线投射方向示意图

第3章 常用单体元素的训练

- ◆ 3.1 植物的绘制技法
- ◆ 3.2 水体的绘制技法
- ◆ 3.3 石景观的绘制技法
- ◆ 3.4 人物的绘制技法
- ◆ 3.5 交通工具的绘制技法
- ◆ 3.6 景观构筑物的绘制技法

3.1 植物的绘制技法

植物是景观手绘中最重要的部分，毫不夸张地说，能否画好植物是能否画好景观效果图的关键。植物的丰富性不仅可以增强画面的空间感和生动性，还可以使画面更具感染力。

在一张完整的效果图上植物可以分为近景植物、中景植物、远景植物。常见的植物大致可以分为草本、灌木、乔木三种类别。

任何一个场景都要体现植物的丰富性，注意植物的搭配组合，不要孤立地表现一种植物。注意同类别的植物也要有所区别，同时还要注意远处和近处的虚实关系。

3.1.1 铺地植物的绘制

（1）草本植物

草本植物植株相对矮小，高度一般在10~60cm，较为小巧。草本植物一般用于画面的前景或收边位置。练习时也要掌握其规律，一般植物叶片可以分为前、后、左、右、左前、右前、左后、右后8个不同方向，在此基础上进行穿插，如图3-1所示。在画之前先找出叶子8个方向的叶脉，然后用双线将其细化，在叶子中间进行穿插，最后在叶片之间的叠压处压进重色，衬托出向前的叶子，即可画出草本植物的体积感。

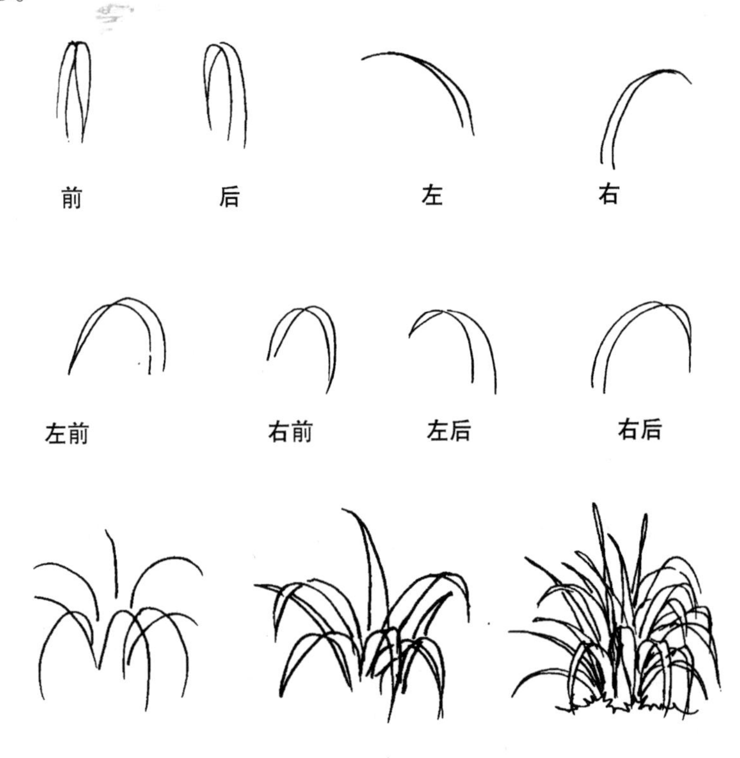

图3-1　草本植物表达过程

（2）花卉植物

花卉植物在手绘过程中要注意花卉、花朵及叶片的多样性表达，画前要了解所表达植物的真实结构，抓住植物特点进行提炼，尤其是注意叶片、花瓣之间的前后遮挡关系以及叶茎之间的互相穿插关系。在手绘过程中体现植物的软质感，掌控线条的柔韧度，把握多叶片之间的疏密关系及阴影投影关系，最重要的是塑造出“丛”的效果(图3-2)。

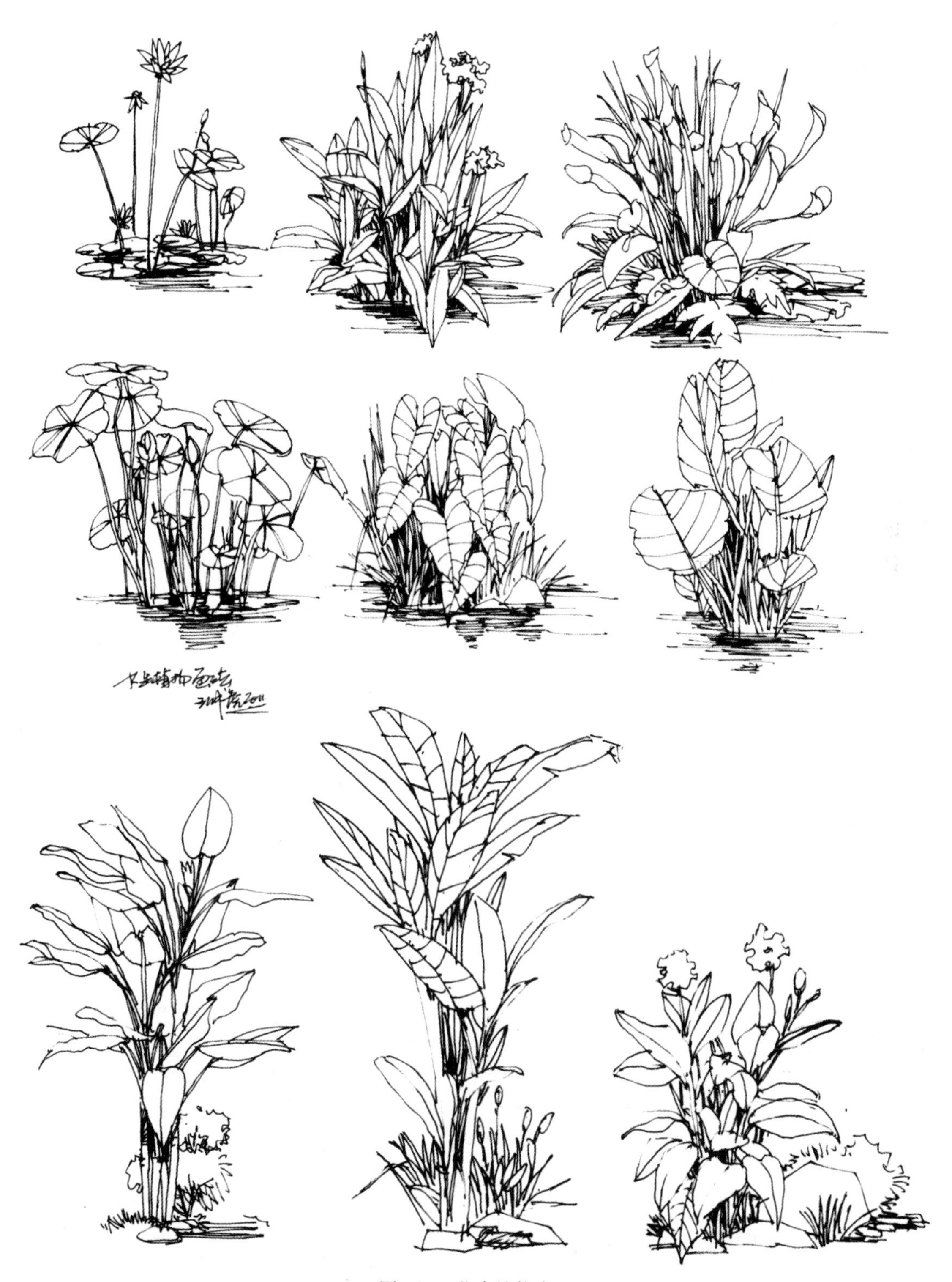

图 3-2　花卉植物表达

（3）浮水植物

浮水植物如莲花、荷叶。荷叶叶片大，边缘圆润，茎多、细但直挺，因支撑叶片具有一定垂坠感，叶片造型多样。浮水植物是成丛生长，画时注意植物结构前后多层次、多变化；如遇荷花，其根茎相对荷叶略高一些，根茎挺拔，可表现花开与花苞等不同形态；除了植物的基本特征，还要注意水环境中的倒影关系，可利用精炼的水纹线反应倒影，线条轻松，倒影离主体越远其线越虚(图 3-3)。

图 3-3　浮水植物表达

3.1.2　灌木的绘制

灌木指那些没有明显的主干、呈丛生状态比较矮小的树木，一般可分为观花、观果、观枝干等几类矮小而丛生的木本植物。灌木是多年生植物，一般为阔叶植物，也有一些针叶植物是灌木，如刺柏。如果越冬时地面部分枯死，但根部仍然存活，第二年继续萌生新枝，则称为“半灌木”。如一些蒿类植物，也是多年生木本植物，但冬季枯死。常见灌木有玫瑰、杜鹃、牡丹、小檗、黄杨、沙地柏、铺地柏、连翘、迎春、月季、荆、茉莉、沙柳等。

灌木相对“矮小”，没有明确的主干，和乔木一样都属于“木本植物”，多呈丛生状，成熟的灌木一般不高于 3m。灌木在景观设计中是最具有亲和力和创造力的植物种类，灌木的高度和人体高度接近，灌木所营造的空间和造型具有较强的亲和力。另外灌木在乔木和地被植物之间还起到了过渡作用，使植物层次更加丰富。

练习单体灌木的绘制需要运用到我们前面所讲过的植物线条，按照球体或者蘑菇的结构来理解灌木，如图 3-4 所示。

在把握灌木的前后关系时就要靠疏密对比来完成。前景的灌木往往要刻画细致，在明暗交界线的位置进行刻画和过度，越往远处走的灌木越要简单概括，从而形成前后对比关系，如图 3-5 所示。

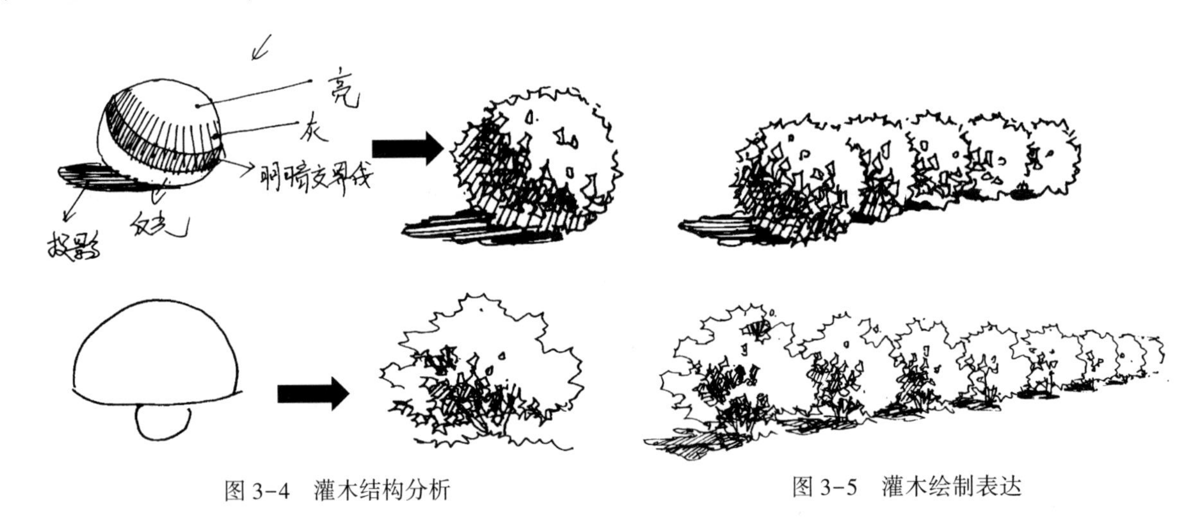

图 3-4　灌木结构分析　　　　图 3-5　灌木绘制表达

人工绿篱，是人类在连续整齐的原生灌木下通过修剪、整型、人工干预过后的产物。设计不同，尺度、造型、形态都不同，但是无论何种造型的人工绿篱景观，在景观手绘中只需要注意把握造型体块明暗关系及质感就可以了，其中明暗关系的塑造是重难点。练习时，先用打点的方式轻轻地勾勒出绿篱景观大体的形体轮廓，明确体块明暗关系后再进行灌木细化(图 3-6)。

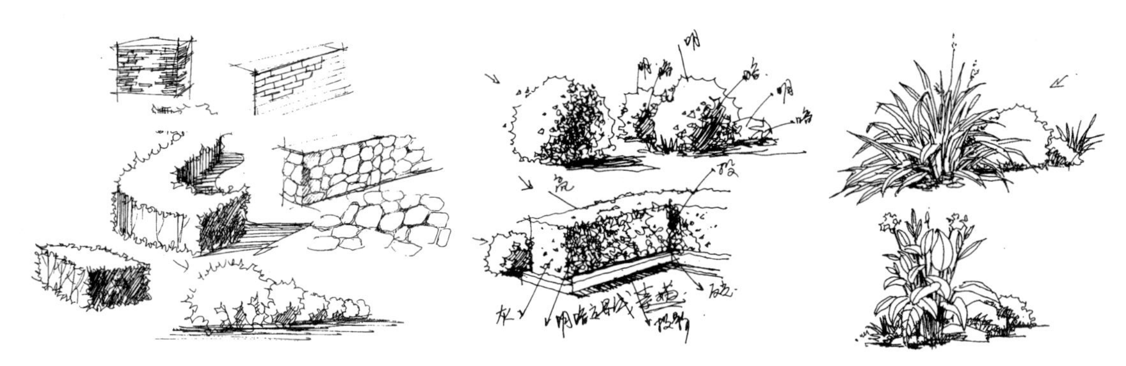

图 3-6　人工绿篱表达

3.1.3　乔木的绘制

（1）乔木的绘制

乔木是植物设计的重点，对整个环境效果的影响很大。乔木是指树身高大的树木。乔木是由根部生长出独立的主干，树干和树冠有明显的区别，和低矮的灌木相对应。常见的乔木有杨树、槐树、松树、柳树等。成熟的乔木一般高达 5m。乔木按照高度可以分为伟乔、大乔、中乔和小乔；按照 4 级植物叶片脱落的情况可以分为常绿乔木和落叶乔木两类；按照乔木叶片形状的宽窄可以分为阔叶常绿乔木、针叶常绿乔木、阔叶落叶乔木、针叶落叶乔木四种。

乔木类植物的结构可以拆分为树冠、树干和树枝。手绘表现时要把整体感觉比作是一个“蘑菇”造型，抓住树冠是一个球体的概念，同时注意亮部和暗部的区别，亮部可进行大面积的留白处理，将笔墨重点放在明暗交界线的处理上，如图 3-7 所示。树枝在表现时要避免出现平行形态和“鸡爪”造型，要注意前后左右的变化和树枝间错位的变化关系，可以理解为字母中“y”的造型。

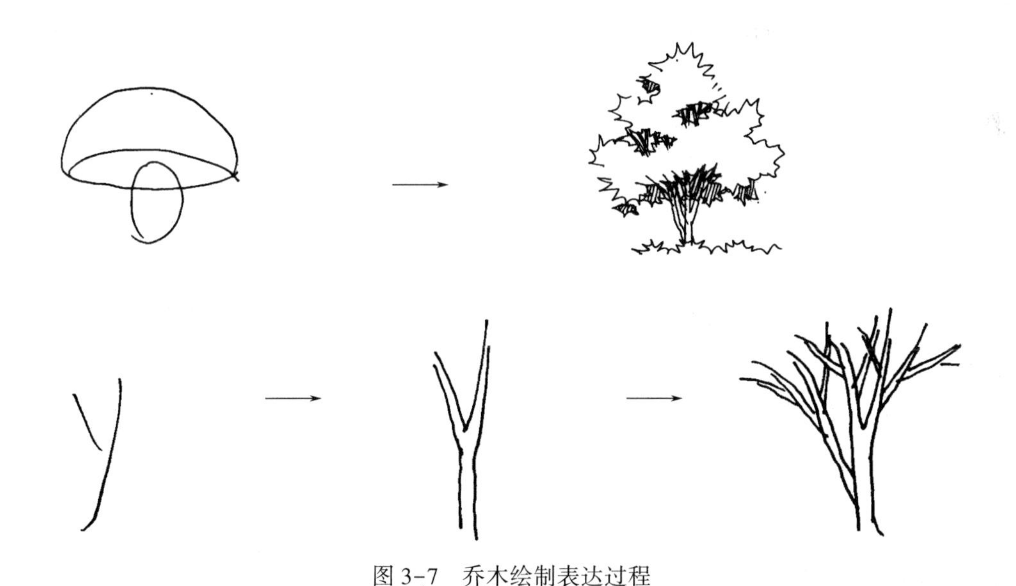

图 3-7　乔木绘制表达过程

1）乔木的手绘表现效果，需把握树干、树枝、树冠的生长特征，抓住要点，逐个击破。可先画主干，以便确定树的姿态；再发散枝干，确定乔木的形态；而后根据树的外形画叶丛，最后再加小树枝、小碎面过渡，使主干与树叶连成整体。

手绘时注意乔木整体的外形、结构、比例、大小和疏密关系，组合上各乔木曲直姿态要安排得体，生态自然且具美感，点、线、面组合之间互有联系，利用呼应、对比、衬托等艺术设计手法表现其整体效果。

2）乔木大小、高低及透视表现要求不同，其需要呈现的透视角度不同，常规透视角度有仰视、俯视、人视三个角度。人视角度树枝、树干结构表现平均；仰视角度树干、树枝结构表现比重大些，多表现乔木的挺拔之感；鸟瞰图中的乔木是俯视角度，较多表现树冠结构，树干则被叶片组成的蓬松树冠遮档。

3）不同类型、属性的乔木拥有多样的外形轮廓，日常景观设计中，乔木形体多为塔状、梯形、椭圆状、伞状、球状。乔木手绘练习初期，可利用植物线依附简单的几何形体关系，绘制出乔木的基本外形轮廓，成形后再做细节，简单方便(图 3-8)。

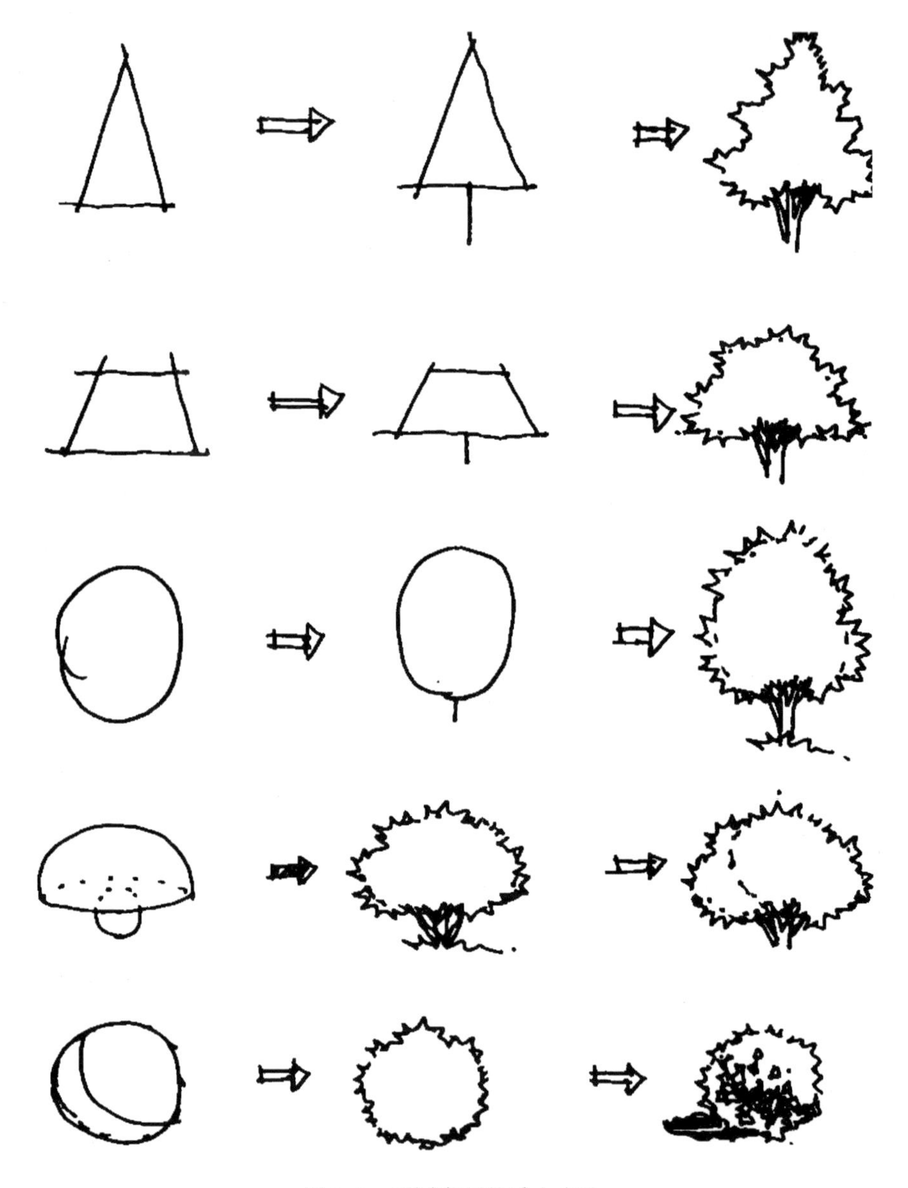

图 3-8　不同类型的乔木表达

4）表现乔木的姿态，树干、树枝、树冠结构之间的比例关系也是关键。乔木的比例，如图 3-9 所示，多数情况下普通乔木的树冠占整个乔木的三分之二，塔状乔木的树冠占整个乔木的五分之四。只有比例掌握准确，其表现才真实自然，否则畸形怪异。

除了前文所述常见的乔木绘制方法外，棕榈树因其树形特殊，常做单独处理。棕榈树是亚热带常见树种，如霸王椰、狐尾椰和加拿利海枣等。其树种高贵大气，造型别致，摇曳多姿，处理好棕榈树叶片变化及组合关系，对确切体现它婀娜且充满韵律的风姿尤为重要。

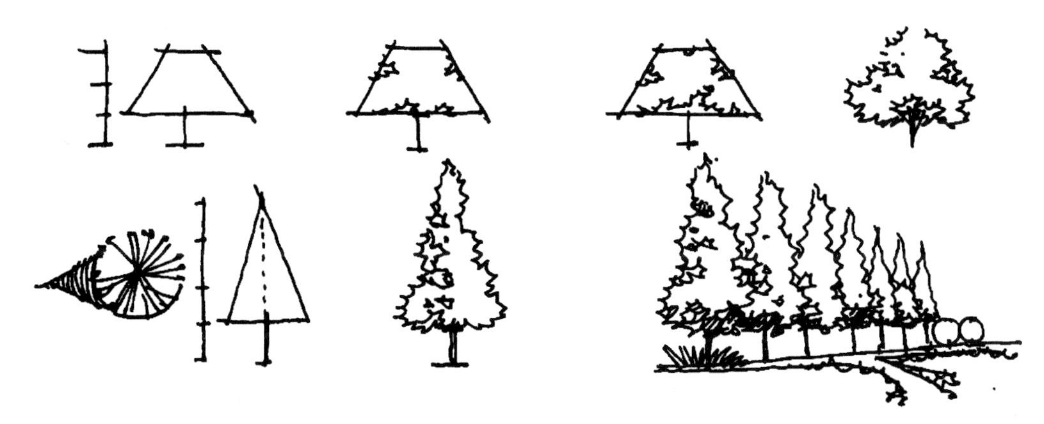

图 3-9　乔木比例示意

棕榈树叶片处理是重难点，棕榈树的叶片多且长，层叠复杂，叶片的流苏感处理是最大的难点。处理叶片时，可以先考虑用铅笔轻轻地使用单线简单概括地将棕榈树的叶片关系表现出来，可简单理解为前后左右的关系；再用简单的面将叶片的立体关系、层叠关系表现出来，画时注意前后叶片的遮挡关系；最后根据叶面的大体关系细化出叶片细节，棕榈树叶片从根部到尾端会逐渐变小直至合成一点(图 3-10)。

图 3-10　棕榈树绘制表达

针叶状的叶片处理可用连续三角线来表达。连续三角线刻画时下笔柔软，三角尖端可用渐变的方式调整方向，把握微弧线感，切记不可坚硬锯齿状，如此就表现不出棕榈树的树叶质感，基础较弱的同学可用短线的方式来表现。呈现扇形的棕榈树叶片时，可先用铅笔把扇形的外轮廓简单勾勒出来，根据外轮廓进行叶片的细节处理，叶片分裂感和重力感要仔细刻画。

棕榈树树干处理相对叶片容易很多。由于棕榈树多生活在热带，其需要良好的自我补给与保温性，因此一般情况下棕榈树树干下细上粗，其在果实处储备营养供给，为了保温树干结构包覆性强，树皮厚实，皮上纹理纹路较多，多为弧线、交叉纹、菠萝纹及碎石纹等，其树干相对高达挺拔，粗壮扎实(图 3-11)。

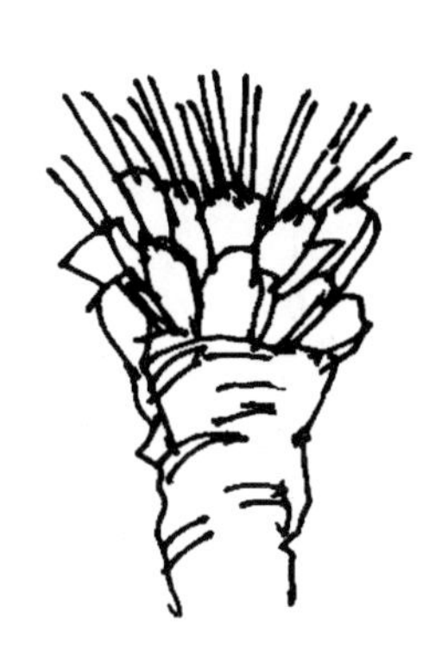

图 3-11　棕榈树树干表达

掌握了棕榈树的生长规律之后可以找不同类型的植物来进行练习，图 3–12 为加拿利海枣、图 3–13为散尾葵。

图 3–12　加拿利海枣

图 3–13　散尾葵

(2) 塔状乔木的绘制

塔状乔木由上到下的结构形如宝塔，形体上呈现圆锥状。不同种类的塔状乔木，形相似，但是大小体量、枝叶繁茂程度、远近关系处理方式有所不同，如松柏类塔状乔木，树叶茂密，四季常绿，形体扎实，体态稳定，景观手绘中多利用圆锥体表现其外轮廓，利用黑白色调拉开明暗面关系，或用顺形体的组合点、线表达体积关系。例如杉类乔木，树叶相对稀疏，夏冬落叶变化明显，多从枝干体态角度描写，上色时增添叶片感效果会更好；远景的塔状乔木利用简单的排线或者三角形表现基本轮廓即可(图 3–14)。

图 3–14　塔状乔木绘制表达

（3）写实型乔木与概念型乔木

1）写实型乔木

常规的景观设计效果图表现，为了画面的真实感或是整体感，追求植物自然真实的生长状态。写实型乔木的绘制，重在描述各植物的基本特征，描绘植物多样的外轮廓，需注意植物枝、叶等结构细节变化。其表现相对概念型乔木略显复杂，也需要一定的手绘基础，同时具备这样的表达能力要在平时养成善于观察植物的习惯；不具备绘画基础的同学，画时可先用 2H 铅笔在图纸上先勾轮廓，然后再进行刻画(图 3-15)。

图 3-15　写实型乔木绘制表达

2）概念型乔木

景观快速表现过程中，可不必将设计元素及特征全表达出来，只需要利用简约有效的图形、点、线将其基本属性表达出来即可。在明暗面表达上，可利用流畅的排线去区分明、暗体块关系。概念型乔木表现的重难点在于乔木的外形及比例把握一定要精准且概括。概念型植物的目的是为了烘托设计结构，更加注重设计效果，甚至所有的植物类型结构都很相似。而此类型植物也是对写实植物的精炼和概括，因此要做到每一笔都恰到好处地“画”在结构上(图 3-16~图 3-18)。

图 3-16　概念型乔木绘制表达

图 3-17　概念型乔木绘制表达

图 3-18　概念型乔木绘制表达

3）乔木的种类

手绘乔木的种类繁多，树枝错综交织，形态疏密多变，因此景观手绘中要按乔木的形态特点将其抽象的造型概括成简单的轮廓图形，用示意图的形式表现出来，景观手绘中可以简单地把乔木的平面图分为轮廓型、分枝型、枝叶型三大类。轮廓型是最简单的一种平面示意图，这种画法在考研快题考试中被广泛使用。分枝型在树冠平面图中用线条表示枝干的分支。枝叶型在树冠平面图中，用组合线条表示枝干，用轮廓线表示冠叶。

乔木的平面画法可繁可简，但简而言之，所有的平面树的画法均是建立在圆形的基础上的，如图3-19所示。

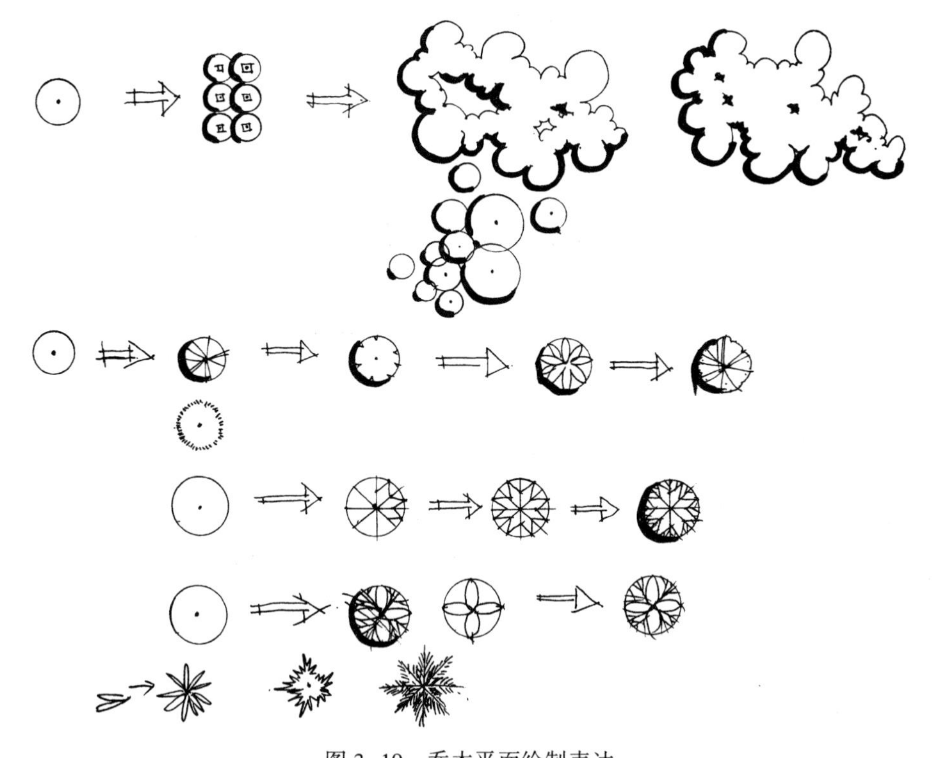

图 3-19　乔木平面绘制表达

3.2　水体的绘制技法

水是景观的活力所在，适当的水体能够活跃和丰富画面。可以简单地把水体分为静水和动水。

静水的表现要用到流畅的水纹线，而水纹线的画法我们可以理解为画“椭圆形”，如图 3-20 所示。平静的湖面丢入一颗石头，会荡出一圈的涟漪，我们常见的水面波纹其实是由无数圈涟漪交错形成的，所以水纹线呈圆形。静水面往往会形成倒影，可以用排线的方式来表现倒影的感受，如图 3-21 所示。

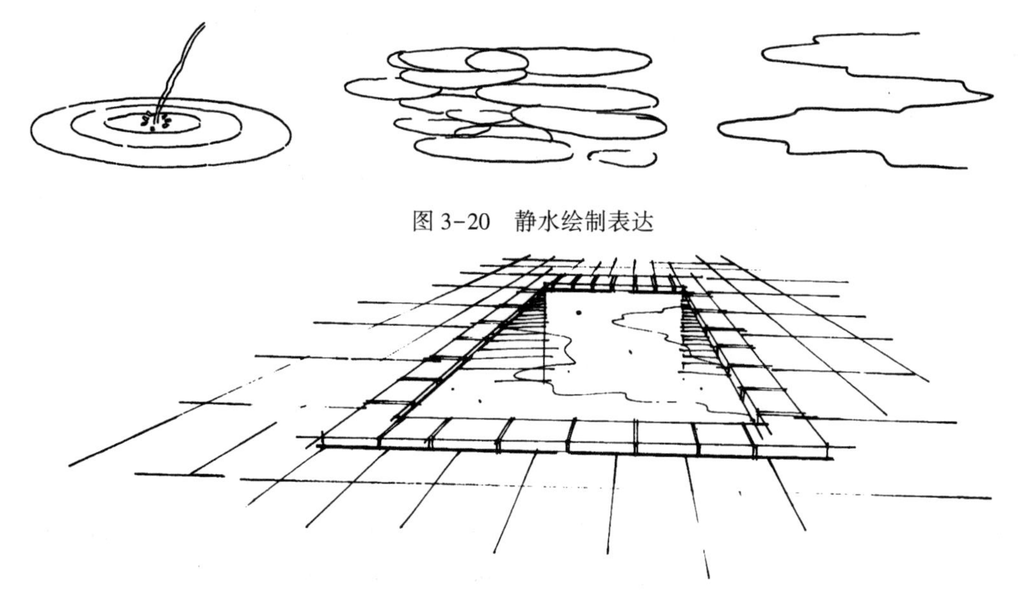

图 3-20　静水绘制表达

图 3-21　静水面倒影

动水一般为叠水，当水跌落下来势必会形成水花，而水花的造型呈放射状，这就决定了水滴及水纹的画法，如图 3-22、图 3-23 所示。

图 3-22　动态叠水绘制表达

图 3-23　动态水面绘制表达

3.3　石景观的绘制技法

在景观设计中石头和水体的运用是必不可少的，石景可以分为人工造型和自然造型两种类型。人工造型的石块多数情况下是规则形态的，只需按照透视的原则（近宽远扁、近大远小）将其画出即可，如图 3-24 所示。而自然形态的石头对于初学者而言较难把握，但是我们可以把它看作最简单的几何体，然后将其转折线画出，就能够很好地把握石头的形态特征。

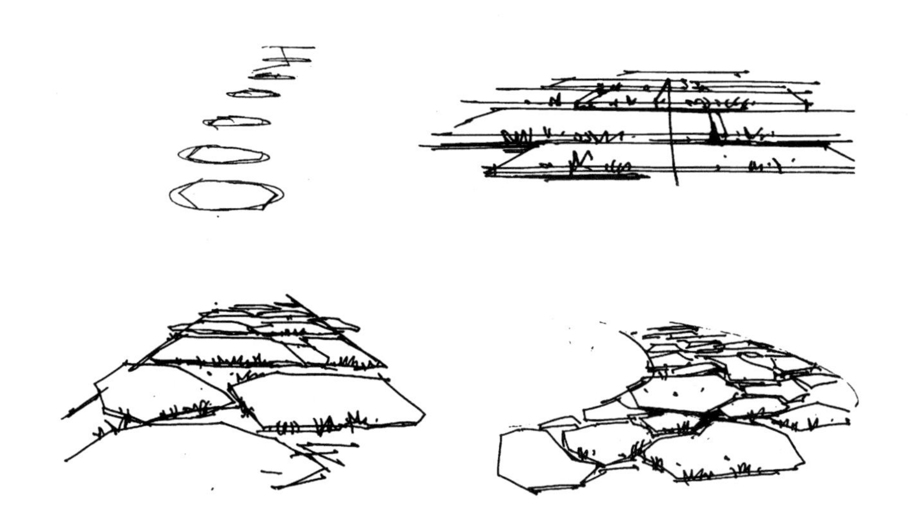

图 3-24　石材铺装绘制表达

单体石块手绘步骤如(图 3-25)：

① 勾勒出石块的大致轮廓形状，注意石块的多角特性，可用交叉的线条表示。

② 确定好石块的轮廓，用线条绘制出石块的受光面、背光面，区分明暗关系，通常情况下受光面所占体量更大，可用直线和曲线凹凸变化搭配。

③ 用线条细分明暗面，分出灰面、明暗交界线与反光区域三块细面。排线的方向应与石块的纹理、明暗光线一致。可以绘制石块的阴影投影，增加立体感。

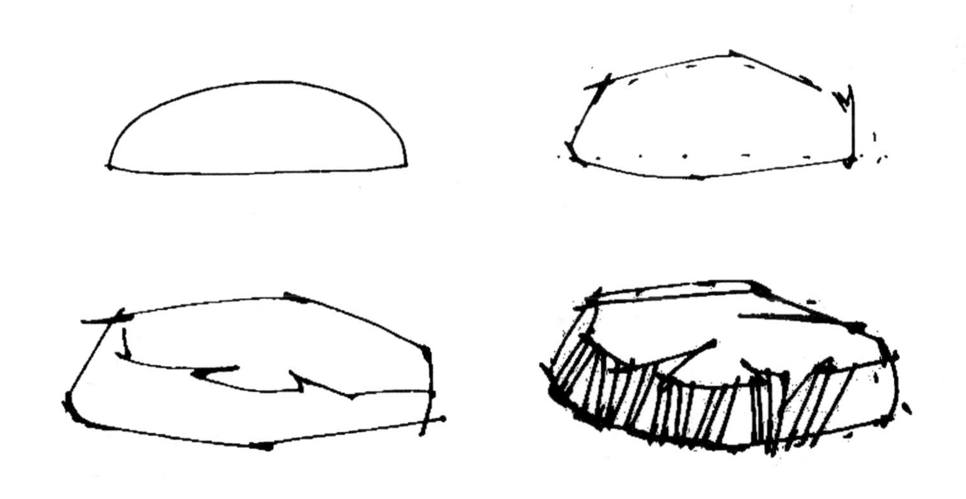

图 3-25　单体石块绘制步骤图

可以根据以上步骤进行练习。其中自然形态的石头经常是以群组的形式出现，刻画石头群组时切忌只注重单个石头的造型刻画，而是要注重石头前后的遮挡关系及上下的叠压关系，如图 3-24 所示。石元素在景观空间中，通常多与植物搭配，可结合植物绘制的技法，进行石景观组合练习，如石元素搭配乔木、灌木等，注意比例尺度，正确把握石块的大小、疏密关系(图 3-26~图 3-32)。

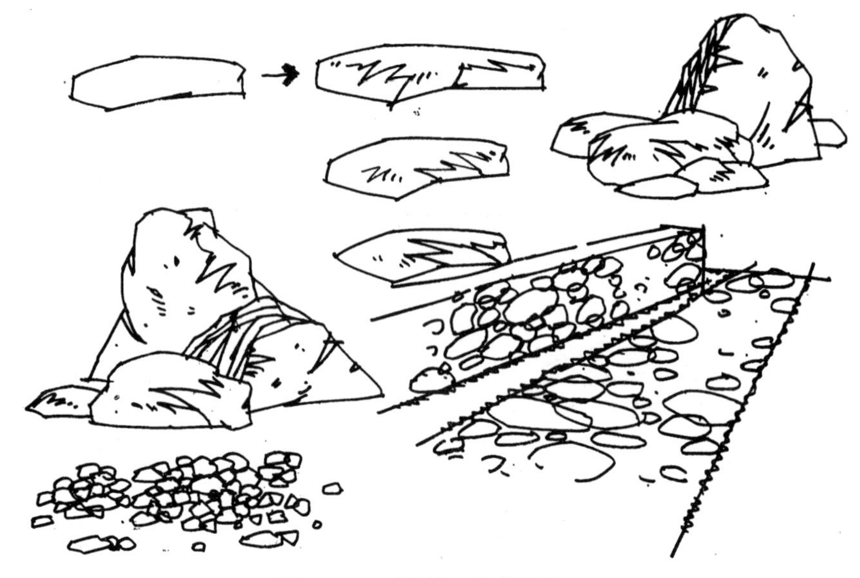

图 3-26　石材挡土墙绘制表达

图 3-27　群组石景绘制表达

图 3-28　群组石景与水景组合绘制表达

图 3-29　群组石景与小径组合绘制表达

图 3-30　群组石景与植物组合绘制表达

图 3-31　群组石景与叠水组合绘制表达

图 3-32　群组石景多种组合绘制表达

3.4　人物的绘制技法

配景人物在画面中有两个作用。

① 尺度参照。以人物的大小作为空间和构筑物大小的参照物；

② 活跃画面，点缀和渲染氛围，使画面更加生动自然。作为景观效果图中配景的角色，所以人物不需要刻画得很仔细，只需符号化表达即可。配景中的人物也可以分为近景人物、中景人物、远景人物。近景人物需要画的相对仔细一些。画近景人物要大概了解人体比例，如图 3-33 所示。

图 3-33　近景人物

中景人物在景观效果图中经常用到，主要用来表现人物动态，略带细节即可(图 3-34)；远景中的人物主要用于表现空间透视、点缀和活跃氛围，因此表现出人物大体动态即可(图 3-35)。

图 3-34　中景人物

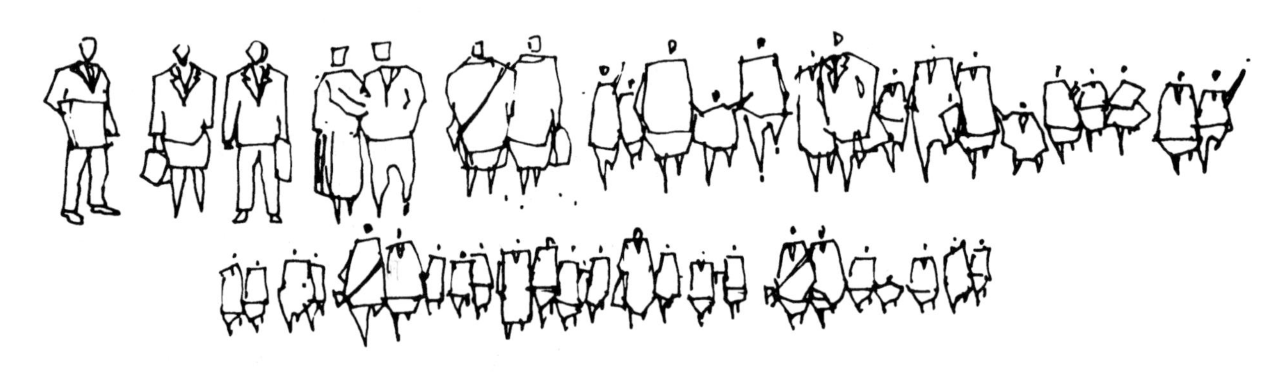

图 3-35　远景人物

3.5　交通工具的绘制技法

景观手绘效果图中交通工具是活跃和丰富画面的重要元素，其中常用的交通工具有小汽车、公交车等。在绘制汽车的时候，要注意理解汽车的体积关系，把它看作一个最简单的几何造型；接着，在这样一个几何体中逐步添加汽车的细节，就可以轻松完成交通工具的绘制，如图 3-36、图 3-37 所示。

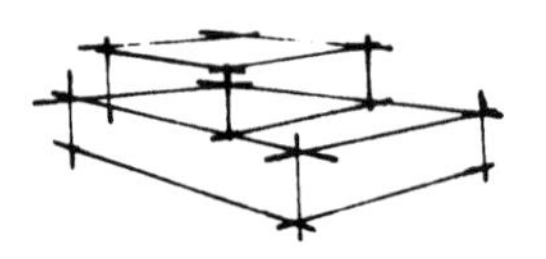

图 3-36　汽车绘制表达

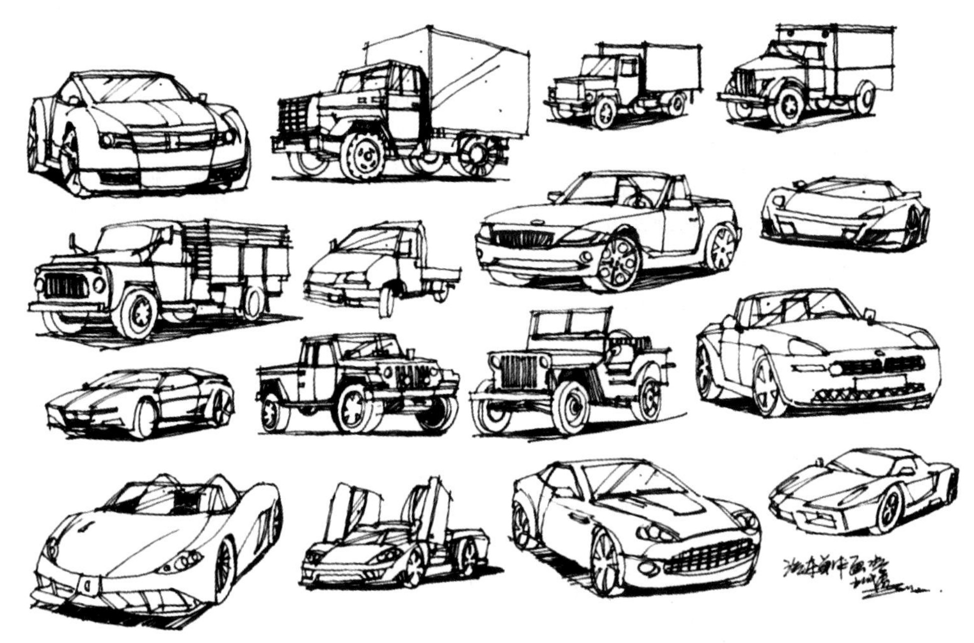

图 3-37　交通工具绘制表达

3.6　景观构筑物的绘制技法

在景观效果图中构筑物是必不可少的，如亭、廊、景墙等，对于此类构筑物的画法我们可以通过“体块”将其切割出来。

3.6.1　亭的绘制

亭是景观设计中最常见的景观建筑，是传统建筑的一种，多建于园林、佛寺、庙宇等地。造型样式上有顶，无墙，有粗实支撑结构。亭顶造型复杂，精彩别致，顶内、顶外表现细节较多，支撑结构首尾相对复杂，中部注意体块关系的把握。亭内设美人靠或座椅板凳供人休憩，其结构、透视上的处理也非常复杂，透视的准确性是关键(图 3-38)。

图 3-38　亭的表达

景观手绘中亭表现的目的不同，选择的透视角度就不同，亭彰显的形态、露出的结构也各不相同。画亭前锁定所需透视与角度关系，根据亭的长、宽、高尺寸及比例关系勾勒出一个大致的方体关系，在简单、准确的方体体块透视下描绘亭子，更易入手。将亭子的造型转化为立方体，找出其立柱的位置，亭子的整体比例相对较扁。

人视效果表现亭景时，为了体现亭子的挺立感，多夸张处理，降低视高，略微仰视效果。该透视下亭的支撑结构完全呈现出来，这种视角下可以看到顶的内侧结构，立柱结构清晰，前后层次分明，挺拔且稳定；鸟瞰视角下，亭顶部结构表现较多，立柱支撑则被亭顶部分遮挡，视觉上亭柱较短，离视线最远的一根立柱可能被完全遮挡(图 3-39)。

图 3-39　不同视角的亭景表达

亭的绘制表达步骤(图 3-40)：

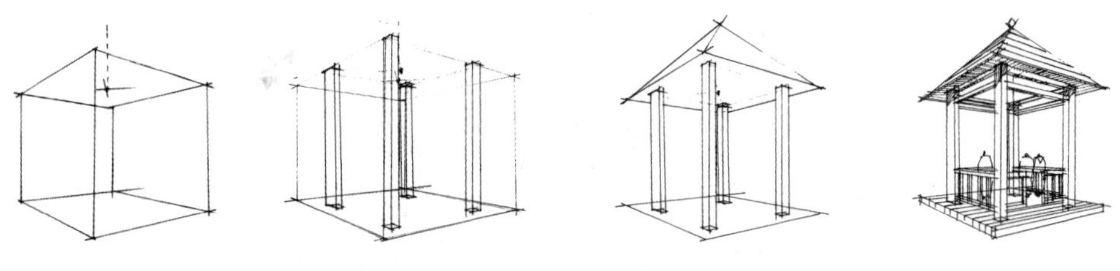

图 3-40　亭的绘制表达步骤

① 把亭的整体结构概括为一个立方体，便于把握亭的整体透视关系。

② 找出立柱的位置，在立方体的顶面通过对角线找到中心点，这样能够保证亭的顶部结构位置准确。

③ 根据上一步的中心点找出亭子的结构点，与顶面的四个角进行相连，找出亭子底部的穿插结构。

④ 加入细节关系，完成亭的质感以及结构穿插组合关系，可以进行刻画亭顶部的阴影结构。

⑤ 加入配景，近景的植物应当刻画的生动丰富，而远景的植物则应简练概括，能够表达出整体的空间感即可。而人物能够使画面丰富，增加画面的场景气氛。

3.6.2 廊的绘制

廊架可应用于多种类型的园林绿地，具有遮阴、休憩功能，可独立成景，也可与亭、廊、水榭、植物等景观元素结合成景。材质上，多是木材搭架而成，陈列有序，搭配藤蔓或挂式蔬果彰显别样风情，也可与石、砖、透明材质混搭，其风格多样，形态各异，结构稳定，艺术感强。

廊架刻画多用仰视凸显挺拔感，整体轮廓多像一个长方体。初画时可用铅笔勾勒出一个长方体透视关系，然后利用二分之一等分法找出各支撑点的位置，保持支撑结构的垂直感。如是方形支撑柱，表现上保持“三线两面”去表现方柱，注意横竖交叉点的细节刻画，把握左右两排立柱的透视关系，透视中可能会出现遮挡关系，如果是圆柱注意柱子两头的户型结构；廊架的顶部有可能是藤蔓植物、透明玻璃或架空处理结构，手绘时在透视准确的前提下进行顶部细节描写，尤其注意各材质不同质感的表达（图 3-41）。

图 3-41　各类廊架绘制表达

廊的绘制表达步骤图：

① 用铅笔淡淡地定出视平线，在视平线上找出灭点所在的位置，并勾出透视框架结构。廊架的细节结构要依附于该框架，初学者切不可跳过该环节，因为这一步决定了廊架的透视准确与否，如图

3-42(a)所示。

② 画出廊架的结构关系，根据一点透视的原理(横平、竖直、纵消失即横向的线条平行于视平线，竖向的线条垂直于视平线、纵向的线条消失于灭点)，画出廊架的立柱、横梁等结构，如图 3-42(b)所示。

③ 为了突出画面的空间感，可以增加配景，例如收边的植物关系，远景的植物组合关系等，如图 3-42(c)所示。

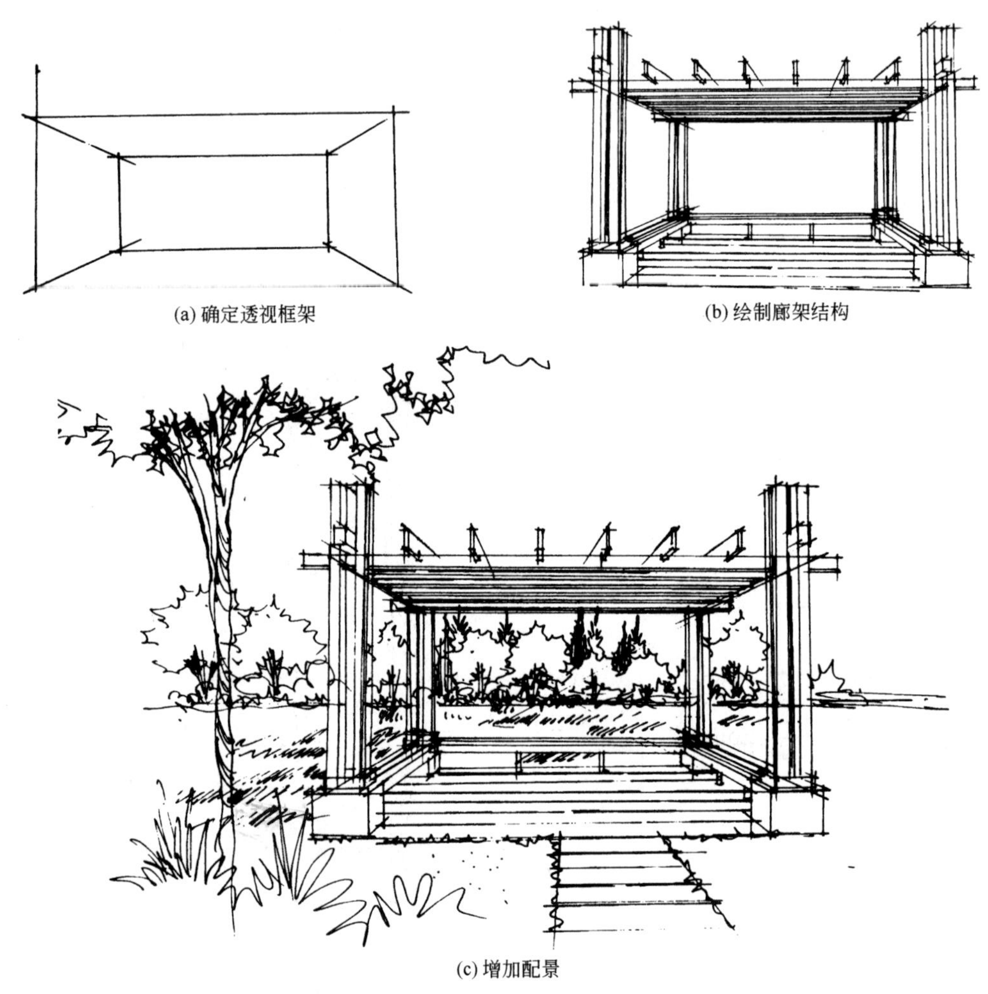

(a) 确定透视框架

(b) 绘制廊架结构

(c) 增加配景

图 3-42　廊的绘制表达步骤

3.6.3　景墙的绘制

景墙在景观设计中较常出现，功能因需而设，造型多样，材料丰富，表现形式不拘一格。墙多是一面体结构，没有封闭的空间围合，多利用墙的分、遮、挡、漏下创作景观，在“档”与“漏”之间利用障景、漏景、借景等不同的景观设计方法形成不同景观。独立成景，墙元素兼具文化内涵及设计美感的，如“文化墙”通过将文化元素融入景墙设计，以简单直白的方式传达文化信息。景墙对于整个景观空间设计中的空间分割、组合起着重要的作用。

景墙多为方体，厚度根据长、宽比例不同尺度不一，切记不可忘记墙厚度关系的表达。下笔前，根据设计确定准确的尺寸关系，用铅笔浅浅地勾勒出景墙大体的外轮廓、体块关系、结构关系；墨线画稿时，注意墙身与墙基的塑造，墙身可能会出现漏门、漏窗等表现形式，遵循墙体透视关系，将漏的景观表现出来；若墙身有材质及纹理变化可结合前文所讲材质表现相关内容进行细节绘制，形体结构上多用双线表现各装饰、破损、镂空等结构；若景墙为多层次的复合结构，在整体情况下进加、减附加，注意各结构之间的接合、断裂、凸凹关系。

景墙的绘制表达步骤：

① 在透视环境下将景墙概括为立方体结构，该环节主要是解决景墙的透视问题，如图 3-43(a)所示。

② 找出景墙的细节关系，如景墙的材质关系，漏窗处理及景墙前景装饰，与景墙搭配使用的前景有静水平台、石景、种植池、水池等，如图 3-43(b)所示。

③ 为了丰富其空间结构，可在景墙周边画出植物配景，如为塑造出画面感，前景加高大的乔木，而在景墙背后画出树梢的组合关系，该配景是为了表达出景墙背面的空间关系，中间镂空结构能够看到的景观关系是画面表达的重点，是为了体现景墙的漏景效果，如图 3-43(c)。

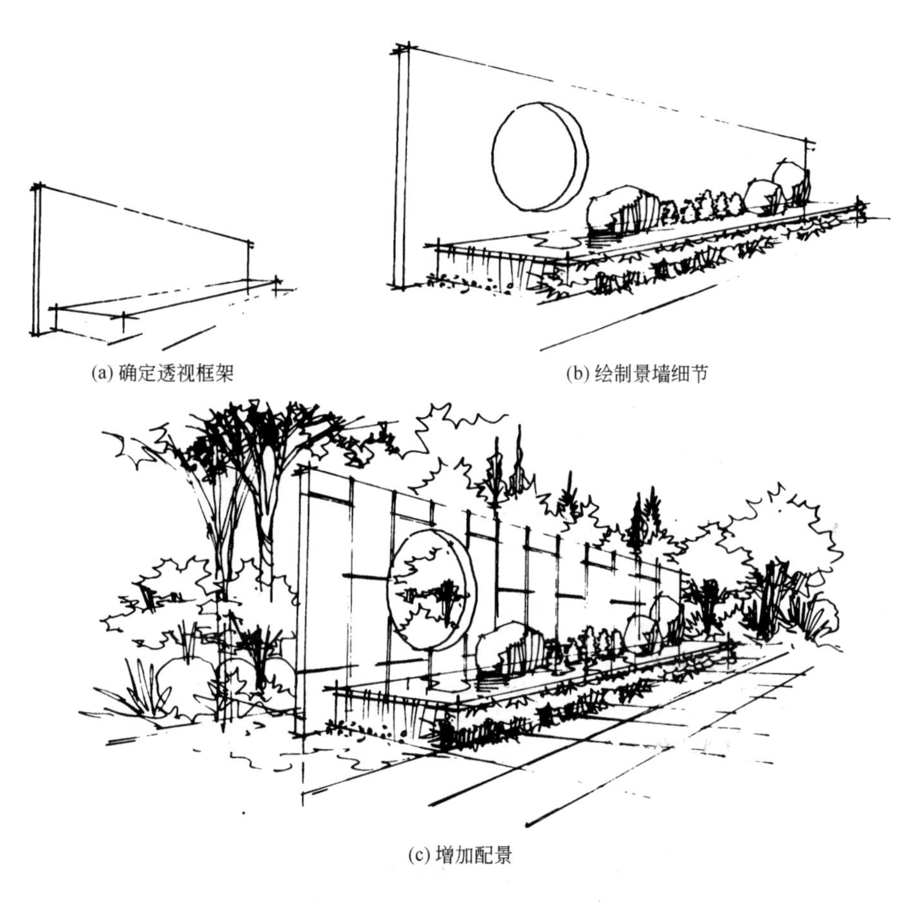

(a) 确定透视框架　(b) 绘制景墙细节

(c) 增加配景

图 3-43　景墙的绘制表达步骤

景墙根据整体设计，其结构、造型、材质、尺寸等细节需要设计师完全掌握，在理解设计信息的前提下进行手绘表现，其效果是非常理想的。不同类型的景墙的绘制重点也不同：文化主题性强的景墙造型相对复杂，多图案、利用多个设计元素综合体现，如小区景观墙、纪念园内的景墙，都有强有力的文化表现诉求，墙体表现上可使用一般的墙体加文字、图案、符号，也可利用浮雕或阴、阳刻题词或叙事，还可用景观图形表达设计内涵，如图 3-44 水幕墙景观的表现。山川河流的景观意向明显，手绘表现在形体准确的情况下要把握石板、墙体上石纹、石缝的细节描绘，或小区墙景观中玻璃、不锈钢等现代材料的景墙，手绘表现上要注重材质的细节描写。

组合景观练习时，注意墙元素周边景观元素的表达，如植物、道路、水体或配景人物的表达、注意各景观元素之间的比例尺寸关系，真实准确地表达墙景观设计(图 3-45)。

图 3-44　不同类型的景墙

图 3-45　组合景墙绘制表达

第4章 立体空间的构成“桥梁”

体块下的单体都会遵循一定的透视关系放置于某个空间环境内，这样才能够形成前后的立体关系，因此体块的练习应该按照透视角度来练习，这样不仅便于深刻地了解体块在不同透视角度下呈现出的结构状态，而且能够加深我们对结构的理解。

我们周围的物体复杂多变，但归纳起来都是由简单的几何体相加、相减或者切割变化而来的。因此对于简单的几何体，尤其是立方体，即我们所说的“体块”，练习是至关重要的。

4.1 透 视

4.1.1 透视的基本概念

“透视”(perspective)作为一种绘画理论术语，源于拉丁文“perspclre”(看透)，指在平面或曲面上描绘物体空间关系的方法或技术。最初研究透视是通过采取一块透明的平面去看景物的方法。将所见景物准确描画在这块平面上，即成该景物的透视图。后遂将在平面上根据一定原理，用线条来显示物体的空间位置、轮廓和投影的科学称为透视学。

在景观手绘中，透视是以作画者的眼睛为投影中心做出的空间物体在画面上的中心投影(非水平投影)。透视可以说是把三维立体空间表现在二维平面图纸上的过程。手绘中透视是一种与真实视线所见的空间或物体情况非常接近的图，其符合人们的视觉形象，富有较强的立体感和真实感。透视图直观性较好，在景观手绘中常采用透视图对空间进行分析，或者表现局部空间效果，例如景观手绘中的鸟瞰图、效果图等。正确运用透视图，可以准确、生动、快速地表达景观空间结构、氛围。

4.1.2 透视的基本术语

由于观察视角的不同，效果图会形成不同的透视角度，而一点透视是景观效果图中最常用的透视角度，其优势是可以很好地表达出空间感和透视感。在了解一点透视的具体画法之前，我们先要了解一些简单的透视术语，如图 4-1 所示(以下透视术语仅满足效果图的使用需求)。

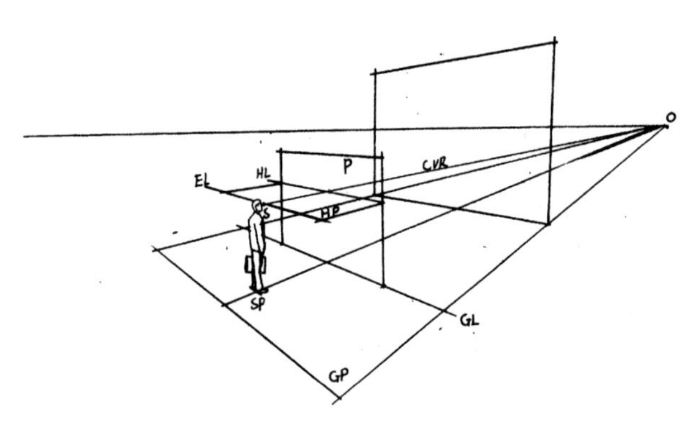

图 4-1 透视的基本表达

① 灭点(O)：与视平线平行的诸条线，在无穷远处交汇集中的点(消失点)称灭点。

② 中视线(CVR)：视点到画面的垂直连线，是视圆锥的中轴线，即中心视线。

③ 画面(P)：作画时假设竖在物体前面的透明平面，平行于画者的颜面，垂直于中视线。

④ 视平线(HL)：过视点所作的水平线，或地面尽头与天空交接的水平线。

⑤ 视平面(HP)：视平线所在的水平面。

⑥ 视高(H)：视点到基面的垂直距离，相当人眼的高度。

⑦ 视点(S)：视者眼睛的位置，又叫目点。

⑧ 基面(GP)：画面与基面的交界线。

⑨ 基线(GL)：画面与基面的交界线。

⑩ 站点(SP)：视点在基面上的垂直落点，又叫立点。

4.2　一点透视

4.2.1　理论知识

一点透视又称为平行透视，即物体上的主要立面与画面平行，其他面向视平线上某一点(灭点)消失。如图4-2所示，画面呈现出的是画者的视角，即画者对空间呈现出的视觉感受。在一点透视当中，物体与物体之间的比例关系是困扰我们画图的一个重要问题。在繁琐的透视理论中，如果要去精确找出物体的比例关系是很麻烦的一个环节，但在效果图表达当中，由于我们更注重透视运用，所以可以将这一过程简化。前文讲到基线(GL)和视平线(HL)的概念，基线和视平线的垂直距离等于视高(H)，由此可知，基面上任意一点到视平面的垂直距离都等于视高。

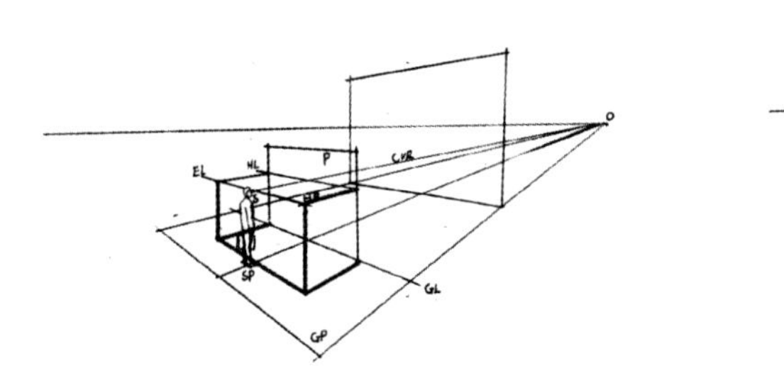
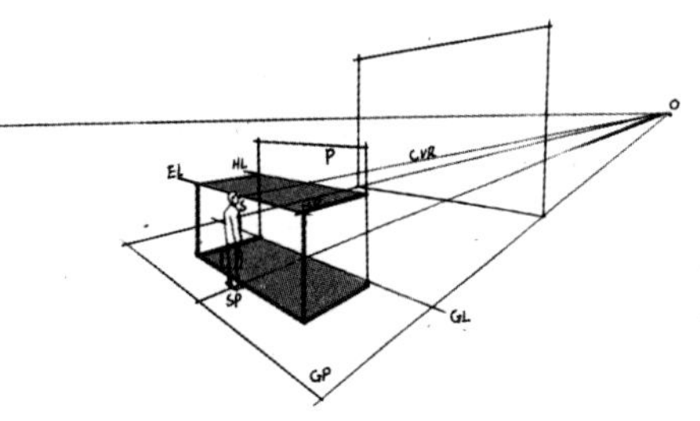

图4-2　一点透视

视平面和基面可以理解为一个立方体，立方体的上下两个面之间的垂直距离都是相等的，而他们的垂直距离就是视高，由此就可以验证基面上任意一点到视平面的垂直距离都等于视高。而画面中人物的视觉感受，如图4-3所示，视平面被压缩成了一条直线。而这句话就可以理解为基面上任意一点到视平面的垂直距离都等于视高。

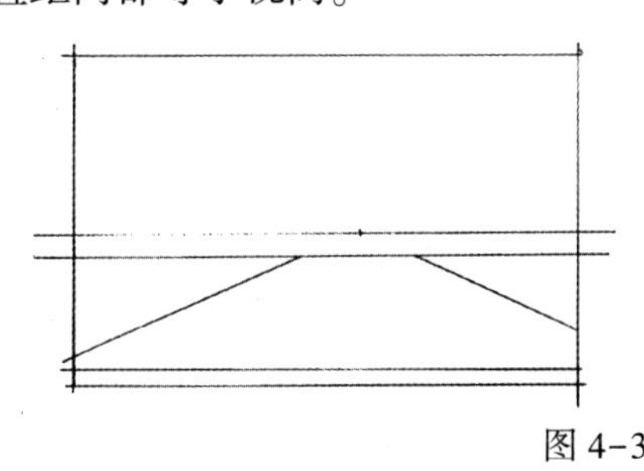
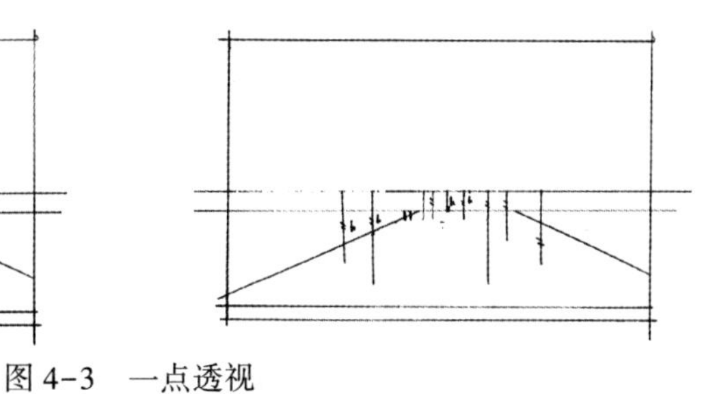

图4-3　一点透视

效果图中，假设视高是2m，要画出一个树池(树池的高度约为0.5m)，就能够以此方法定出其高度(图4-4)，找出其1/2，为1m；再找出其1/2，为0.5m。虽然此方法存在一定误差，但能够保证效果图中的比例不会出现太大偏差。

4.2.2　绘制方法详解

(1) 一点透视的体块绘制

一点透视当中的“体块”是遵循一点透视原则，即横平、竖直、纵消失(横向的线条平行于视平线，竖向的线条垂直于视平线，纵深的线条消失于视平线上的灭点)。

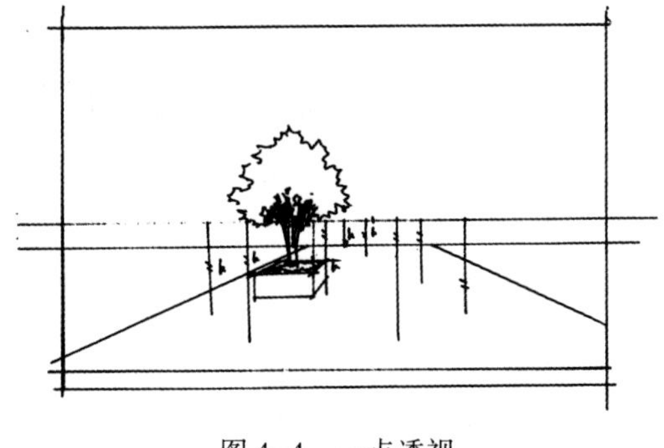

图4-4　一点透视

一个立方体有6个面，但是因为角度的原因，一般情况下观察者最多可以看到其中的3个面，在一点透视当中也会出现看到两个面或一个面的情况，然而这些情况可根据我们的需求进行取舍和调整（图 4-5）。

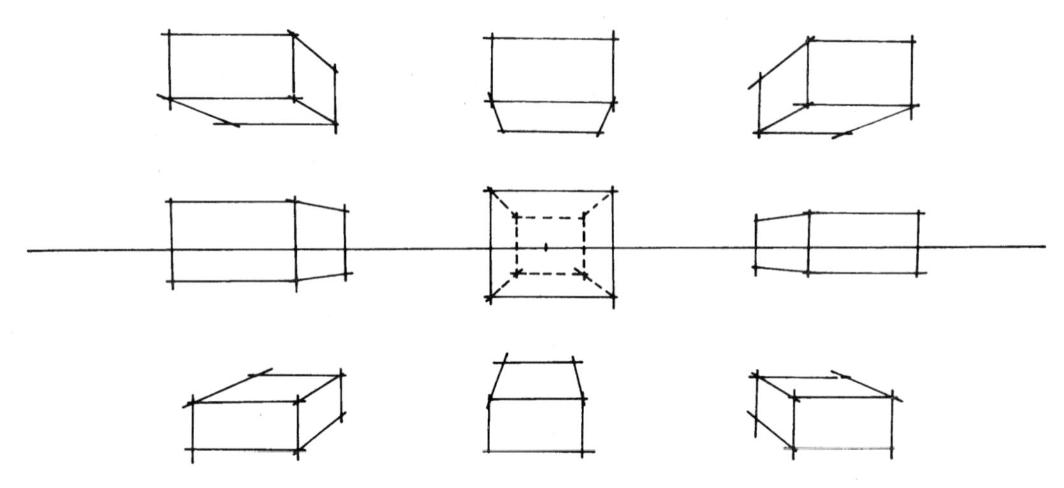

图 4-5　一点透视的体块表达

在进行一点透视的体块绘制练习时，一般分为以下三种情况：

1）在视平线以下的体块

由于我们画人视效果图时视高一般取 1.8～2m，所以在视平线以下的体块多用于花坛、座椅、树池等高度在 0.45m 左右的物体。而在鸟瞰图当中由于视角较高，所有的体块都应该位于视平线以下。这样的视角能够观察到体块的顶面，所以顶面的处理是比较重要的环节，因为顶面能表达出构筑物的特征，如花坛的顶部是用凹凸线表达的草坪结构，座椅的顶部是规则的木质结构，如图 4-6 所示。

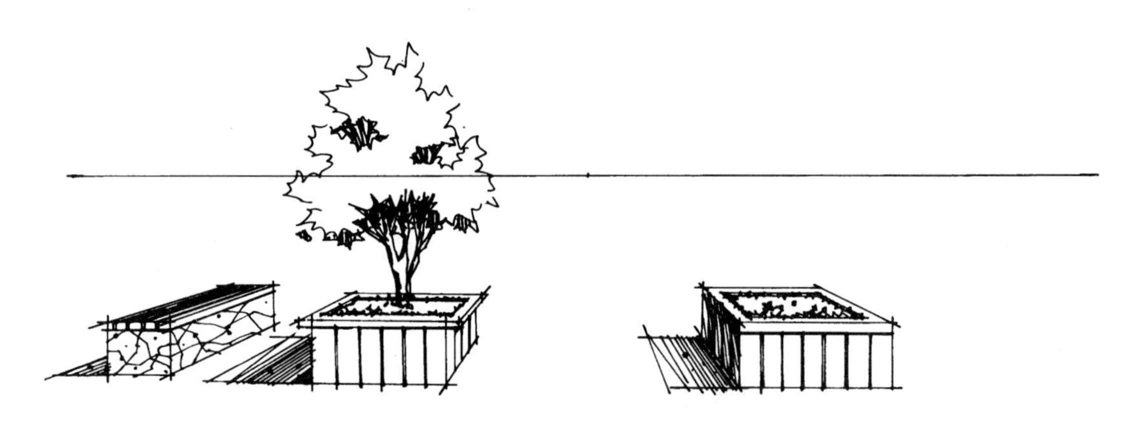

图 4-6　景观体块中的一点透视

2）被视平线穿过的体块

在人视效果图中，因为视高取 1.8～2m，所以这种体块多被运用于亭、廊、花架、景墙等可以让人通行或休憩的构筑物。这样视角下的构筑物往往能够看到顶面的底部结构，所以顶部的结构刻画会非常重要，如图 4-7 所示。

3）在视平线以上的体块

在人视效果图中多用于远景的高大建筑、屋檐等体块的处理。而远景建筑则可以理解为被视平线穿过的体块。视平线以上的体块重点是处理出底部的结构关系或者是底部的阴影结构关系，如图4-8 所示。

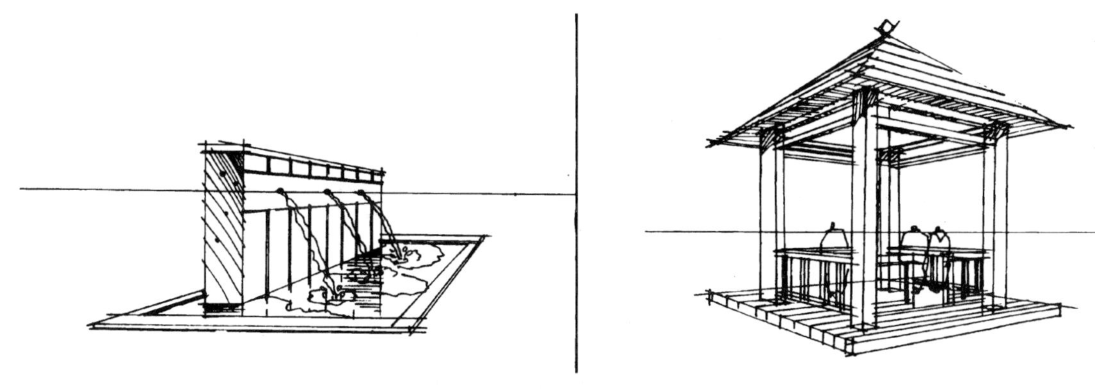

图 4-7　景观体块中的一点透视

图 4-8　景观体块中的一点透视

（2）景观平面图转化成一点透视效果图方法详解

景观效果图并不是孤立存在的，它是服务于景观设计方案的，所以我们要能够熟练地将景观方案转化为效果图。在此我们将其归纳为以下四个步骤。

1）构　图

构图决定了最终效果图是否美观，这个环节必须在第一步完全解决，因为构图在后期是没有办法进行修改的。绘制以 B4 纸为例：

① 先在画面中找出一个距离纸边框 2.5cm 左右的图框，如图 4-9(a)所示，这个环节可以很好地解决初学者构图过大或者过小的问题。

② 在画面中找出视平线(HL)和基线(GL)的位置，视平线位置宜定在图框的 1/2~1/3，基线(GL)在视平线(HL)下方 1cm 处即可，如图 4-9(b)所示，定出灭点所在位置，一般定在画面中点偏左或者偏右的位置，并找出构图线。

③ 将给出的平面图进行 4×4 等分，如图 4-9(c)所示，这样做的目的是方便我们在透视图中找出平面图中所设计内容的对应位置。

④ 将所画基面进行等分。通过对角线原理将其等分，如图 4-9(d)所示。

2）定　位

根据等分的平图找出透视图中对应的位置，如图 4-10 所示。

3）体块高度

将透视图中定位的设计内容给出高度，依据基面上任意一点到视平线的垂直距离都等于视高这一原理定位其高度，如图 4-11 所示。

4）植　物

根据平面图给出植物位置、植物的高度及类型可根据画面的需求自己，定义其高度，遵循高低错落的构图原则，对平面图中的植物关系可根据构图需求适当的进行调整，如图 4-12 所示。

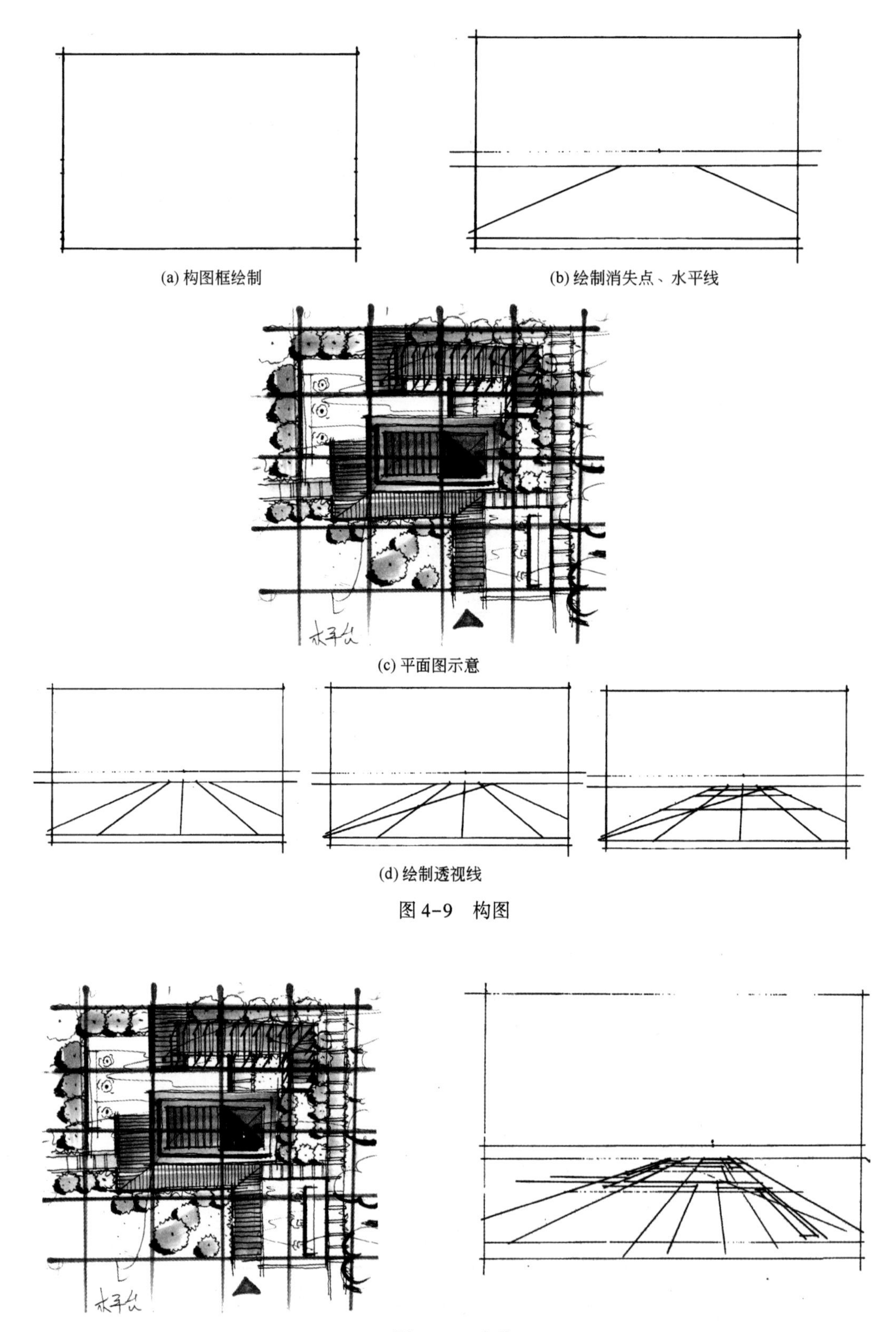

(a) 构图框绘制

(b) 绘制消失点、水平线

(c) 平面图示意

(d) 绘制透视线

图 4-9　构图

图 4-10　定位

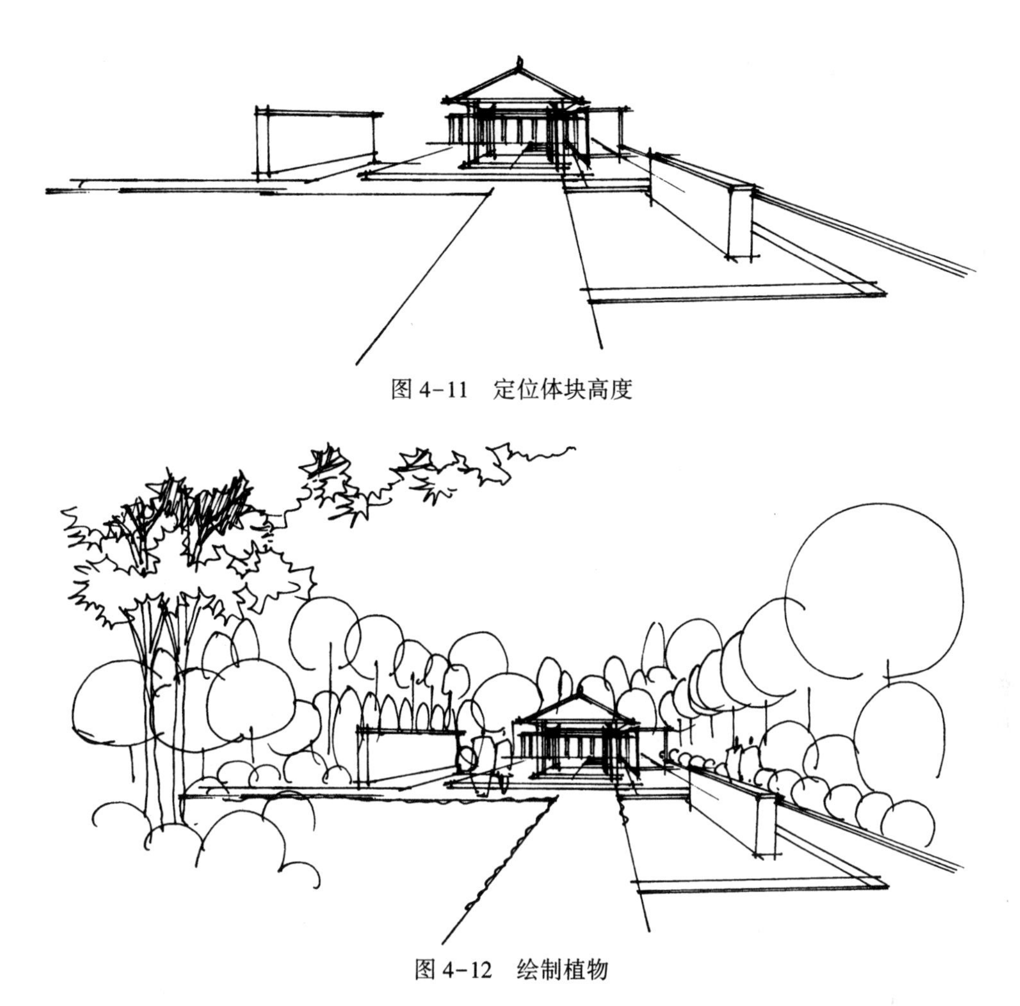

图 4-11　定位体块高度

图 4-12　绘制植物

⑤ 细节刻画出铺装的形式、构筑物的材质、植物细节及空间中的人物，从而完成整个效果图的表达，如图 4-13 所示。

图 4-13　完成图

(3) 一点斜透视的绘制

一点斜透视是一点透视的变体画法。即在灭点的一侧有一个虚灭点，使原先与画面平行的那个面向虚灭点倾斜，它弥补了一点透视平滞、缺乏生气的缺点，一点斜透视在景观效果图中也被广泛的运用。

一点斜透视较一点透视的难点在于对消失于画面外虚灭点透视线的把握，如果从纯理论的角度来介绍一点斜透视，将会非常繁琐，我们可以通过一些简单的方法来完成一点斜透视的绘制。同样地，我们分步骤来完成：

① 画出构图框找出视平线，如图 4-14(a)所示。

② 找出构图线的倾斜角度，如图 4-14(b)所示。

将构图线与视平线的位置等分，视平线以上的部分可以以视平线为对称轴，将视平线以下等分好的线条进行对称移动。

③ 找出图中的消失点及左右两侧的构图线，然后按照一点透视的方式等分为 4×4 的网格，如图 4-14(c)所示。

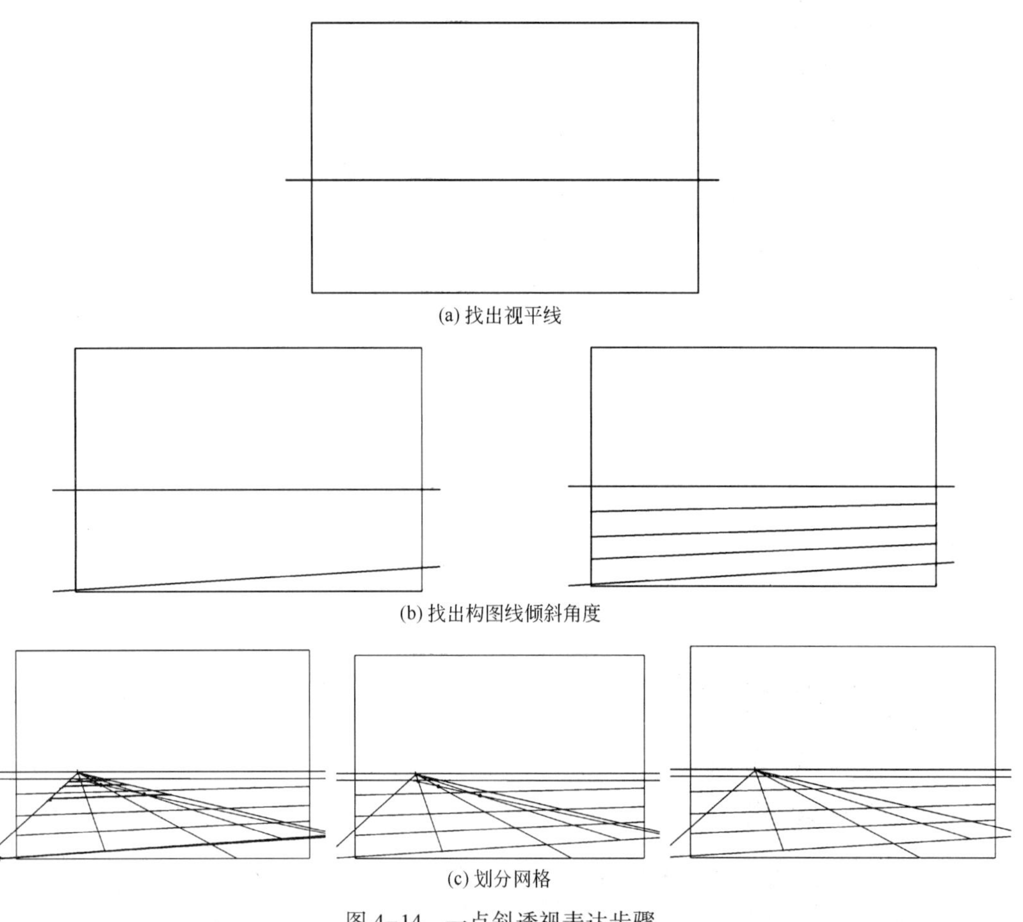

(a) 找出视平线

(b) 找出构图线倾斜角度

(c) 划分网格

图 4-14　一点斜透视表达步骤

4.2.3　练习案例赏析

(1) 一点透视图片写生详解

图片写生对于我们提高设计表达能力有至关重要的作用，可以通过图片写生和平面图转化效果图交替练习，来提升自己的画面处理能力。写生我们同样可以分为五个步骤来完成(图 4-15)。

1) 分析图片

拿到一张图片时切记不可操之过急的去画，首先要对其进行分析。要找出以下内容：

① 分析灭点和视平线所在的位置

通过对构筑物的透视线做延长处理，两条透视线相交的点就是其灭点所在的位置，灭点所在的那条线就是视平线所在的位置。

② 分析构筑物

找出构筑物的类型及相对位置，该图包含了两堵景墙和一组铁轨，如图 4-15 右图所示。

图 4-15 一点透视写生图片

2）整体构图

与平面转效果图五步法一致同样先定出构图框，然后找出视平线（HL）和基线（GL），将之前分析出的灭点位置移动到画面上来并画出大的透视线，如图 4-16 所示。

3）构筑体块及相对位置

构筑物的体块位置不同于平面图转效果图能够在底图中找出，我们可根据事先分析出的位置找出构筑物相对应的位置和高度，如图 4-17 所示。

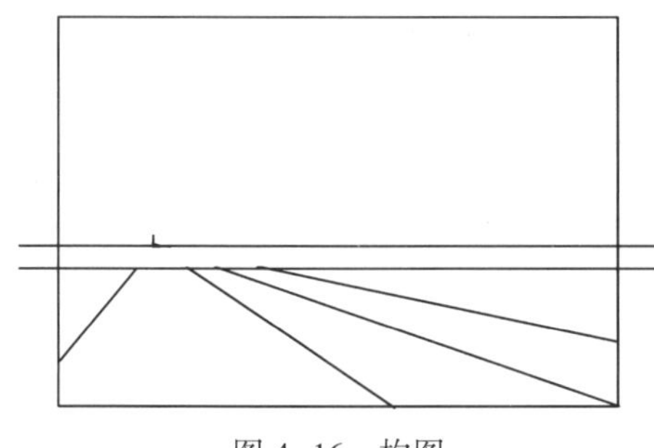

图 4-16 构图

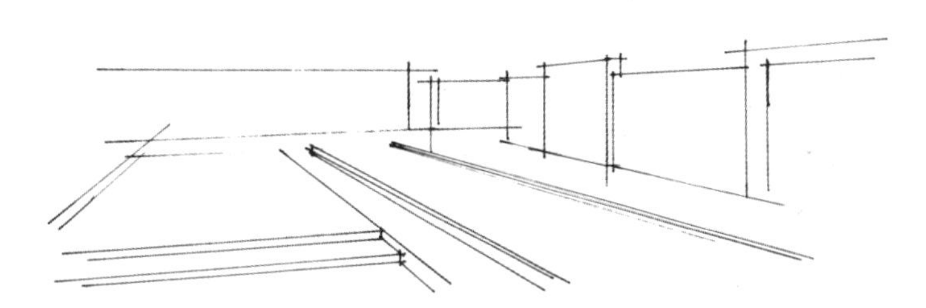

图 4-17 表达体块及位置定位

4）绘制植物

根据分析将画面中不适合手绘效果图的植物做适当的调整和取舍，如图 4-18 所示。如画面中前景的两颗植物，画在手绘效果图中会破坏画面，所以在构图的时候就可以将其舍去。后景中的两棵树高度一样、形式一样，所以在手绘效果图中取一棵即可。

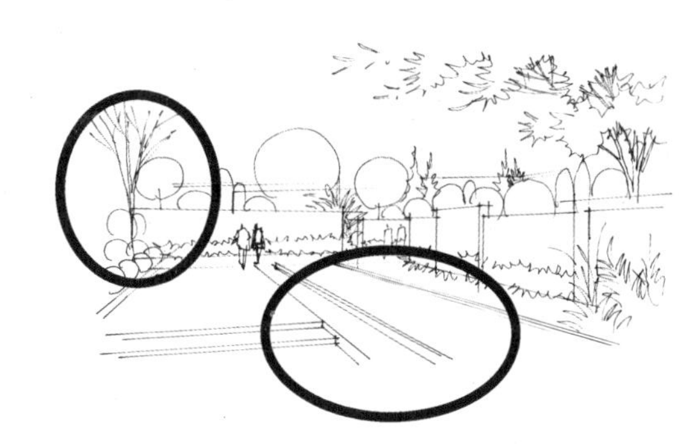

图 4-18 绘制植物

5）补充完善细节

补充完善构筑物细节的刻画，铺装形式、植物细节、配景人物等细节完成效果，如图 4-19 所示。

图 4-19　完成图

（2）一点透视效果图案例

① 图 4-20(a)为一点透视效果图，其整个植物的效果过于单薄，故在转化手绘效果图时要丰富植物组合关系，并丰富远景。

(a) 实景图　　(b) 手绘线稿图

图 4-20　一点透视效果图及手绘表达案例一

② 图 4-21(b)为一点透视手绘图。在转化手绘效果图时中景的景墙结构过于简单，为了跟前景形成对比关系，可以丰富景墙的纹理。在前景中可适当增加鸽子、植物阴影，以丰富前景。

(a) 实景图

(b) 手绘线稿图

图 4-21　一点透视效果图及手绘表达案例二

③ 图 4-22(a)的主景为景墙，首先要处理景墙的结构和位置关系，可将视平线放低，以增加画面的进深空间。前景的左侧增加收边植物以拉开前景和远景的对比关系如图 4-22(b)所示。

(a) 实景图

(b) 手绘线稿图

图 4-22　一点透视效果图及手绘表达案例三

(3) 一点斜透视图片写生详解

设计平面图转化一点斜透视效果图的方法同样可以分为五个步骤。

1) 分析图片

分析图片中的灭点所在的位置，将其与任意一个构筑物的透视线进行连线就可找到画面中的实灭点，实灭点所在的位置即是视平线所在的位置，然后找出边缘构图线的倾斜角度，并分析该图片中所包含的构筑物(图 4-23)。

图 4-23　一点斜透视写生图片

2) 确立整体构图

打好构图框后，将分析得到的视平线所在的位置、灭点所在的位置以及构图线所在的位置，移动到画面中来，如图 4-24 所示。

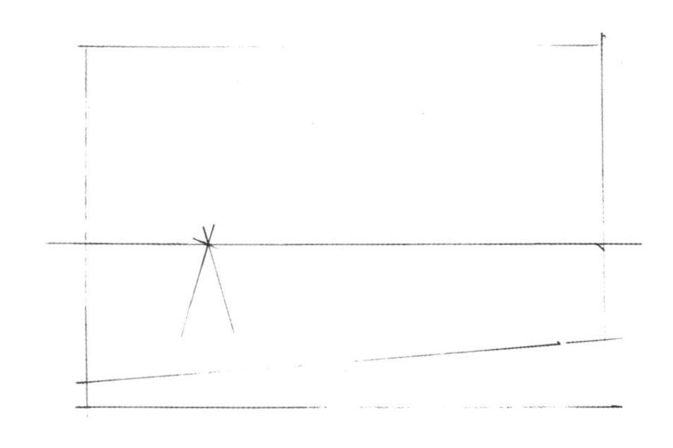

图 4-24　构图

3）透视和体块

因为涉及画面外虚灭点的透视问题，我们可以运用辅助线来完成虚灭点透视的把握，如图 4-25 所示，将视平线以下的部分进行等分，将视平线以上的部分进行“镜像”。既可以把握透视也可以参照图片找出构筑物的相对位置。

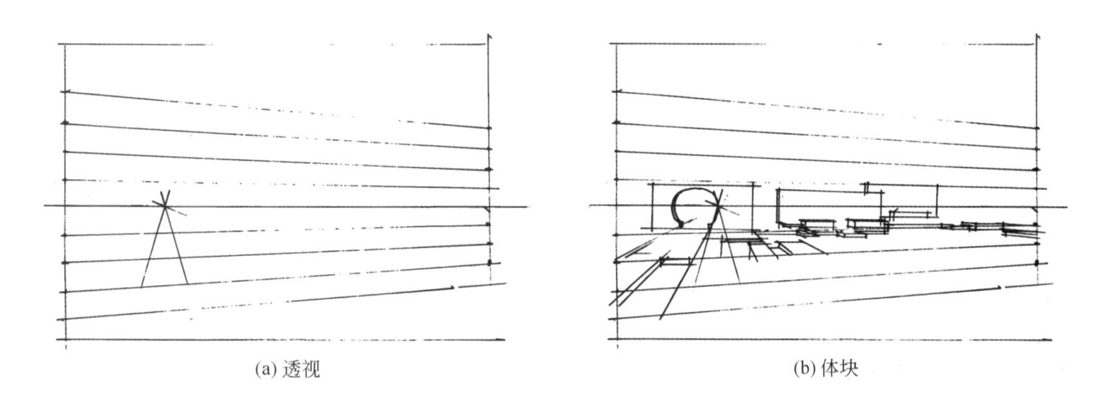

(a) 透视　　(b) 体块

图 4-25　透视和体块

4）刻画植物

将植物位置进行适当取舍和调整，如图 4-26 所示，然后将其细化，如该图片无近景植物，可主观地画出近景收边植物。画面右侧的树高度过高，可舍去。

图 4-26　植物分析与表达

5）补充和完善细节

调整画面的疏密关系，画出铺装结构、构筑物细节，从而完成效果图，如图 4-27 所示。

图 4-27　完成图

4.3　两点透视

4.3.1　理论知识

两点透视又叫成角透视，即物体上的主要表面与画面有一定的角度，但其上的铅锤线与画面平行，所呈现的透视图中有两个灭点。

如果能完全理解一点透视的体块，那么两点透视体块的理解是非常简单的，只是在一点透视体块的基础上多考虑一个灭点。两点透视环境下所有的体块除竖向的高度线不变之外，其他线条均发生透视变化，那么它的依据则是两侧的灭点。

4.3.2　绘制方法详解

（1）两点透视的体块绘制

在进行两点透视体块练习的时候也同样分为三种情况，如图 4-28 所示：

① 在视平线以下的体块。

② 被视平线穿过的体块。

③ 视平线以上的体块。

（2）两点透视景观效果图绘制详解

在绘制两点透视景观效果图的时候，首先观察画面时，注意跟画面形成一定的夹角，并且角度是非 0°、90°、180°夹角时，则形成两点透视，又称成角透视，如图 4-29 所示。

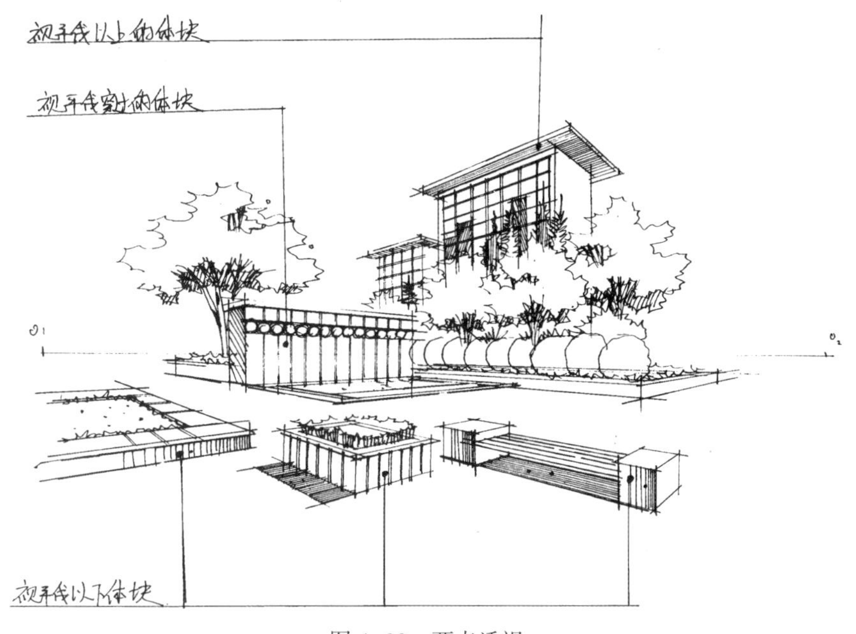

图 4-28　两点透视

1）确定视平线(HL)，真高线 AB 和两个灭点 V_1、V_2，作 A、B 两点与 V_1、V_2 的连线，并使之延长。以 V_1、V_2 为直径画圆弧，交 AB 延长线于视点 E，分别以 V_1E、V_2E 为半径作圆弧，交视平线(HL)于点 M_1、M_2，M_1、M_2 为透视进深的测量点，在基线(GL)上 A 的左右分 10 个刻度，如图 4-30 所示。

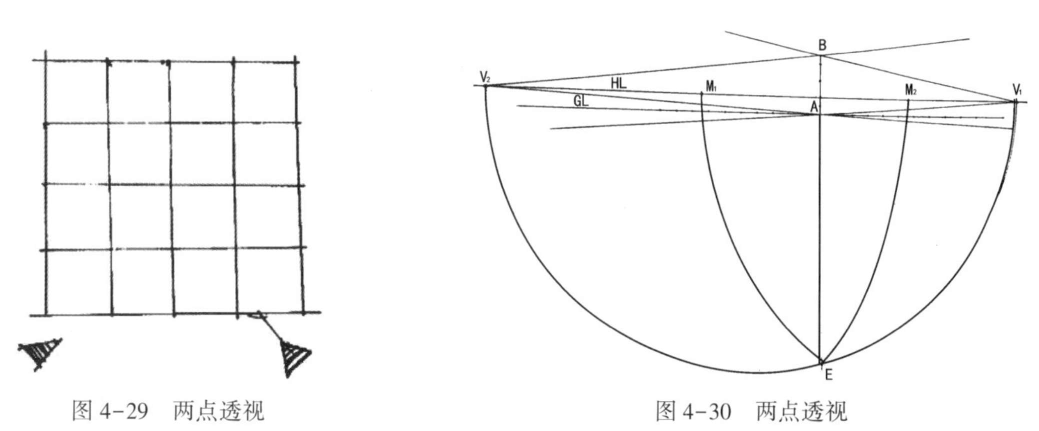

图 4-29　两点透视　　图 4-30　两点透视

2）分别过 M_1、M_2 作基线(GL)上各刻度的连线，并延长至 A 点两侧的透视线上交于各点，将各点分别连接 V_1、V_2 并反向延长，形成地面透视网格，如图 4-31 所示。

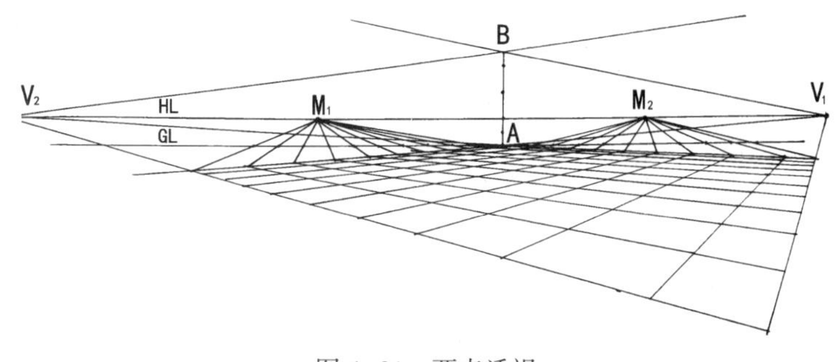

图 4-31　两点透视

3）整理细节，完成空间的透视构架，如图 4-32 所示。

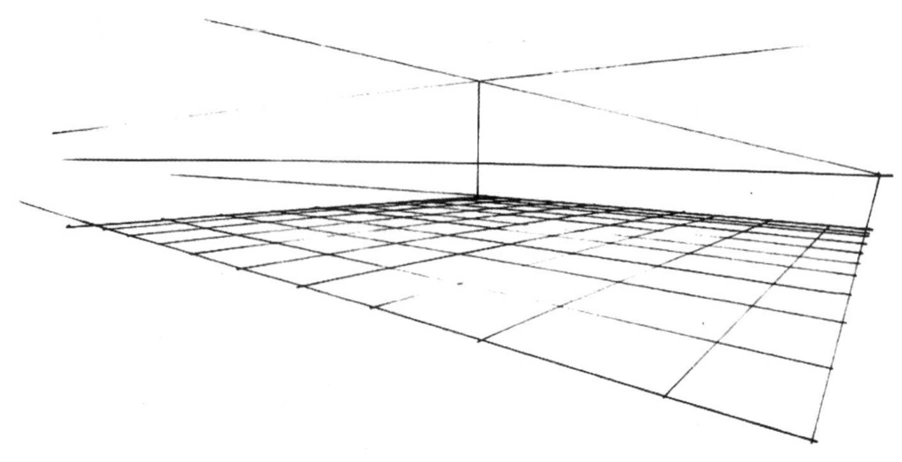

图 4-32　两点透视

（3）景观平面图转化两点透视效果图绘制详解

如果按照透视原理来画图，过程会过于繁琐，但其原理是简化法的依据。接下来我们讲解简化法并运用到透视效果图中。

1）构　图

在两点透视效果图中同样要考虑构图，也同样运用构图框来解决构图问题。构图框距离纸边 2. 5cm 左右，如图 4-33 所示。

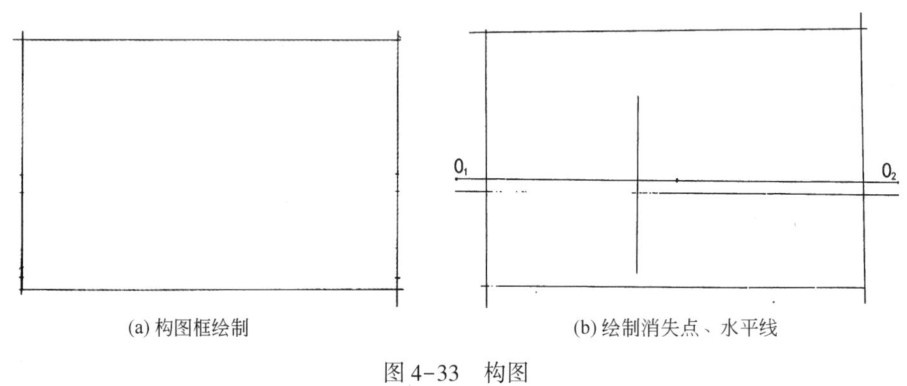

(a) 构图框绘制　　(b) 绘制消失点、水平线

图 4-33　构图

2）透　视

① 在画面的 1/2～1/3 处，找出基线的位置，平行移动 1cm 得到基线的位置，在纸的边缘定好灭点位置。找到中点然后将中点往左边偏移(前面提到着重表现哪一侧的景观植物就往其相反的位置偏移)，如图 4-34(a)所示。

② 将 V_1 点与原点相连，并反向延伸；将 V_2 点与原点相连，并反向延伸，然后定出正方形，如图 4-34(b)所示

③ 因为我们所画的底图关系的比例为 1∶2，所以要将该正方形进行延伸得到 2 倍的比例关系，如图 4-34(c、d)所示。

④ 运用中位线原理将其进行 4×4 等分划分，如图 4-34(e)所示。

3）定位与体块关系

① 将设计平面图进行等分，如图 4-35(a)所示。

② 根据设计平面图中构筑物的位置找出透视图中的位置，并找出对应的体块高度关系，如图4-35(b)所示。

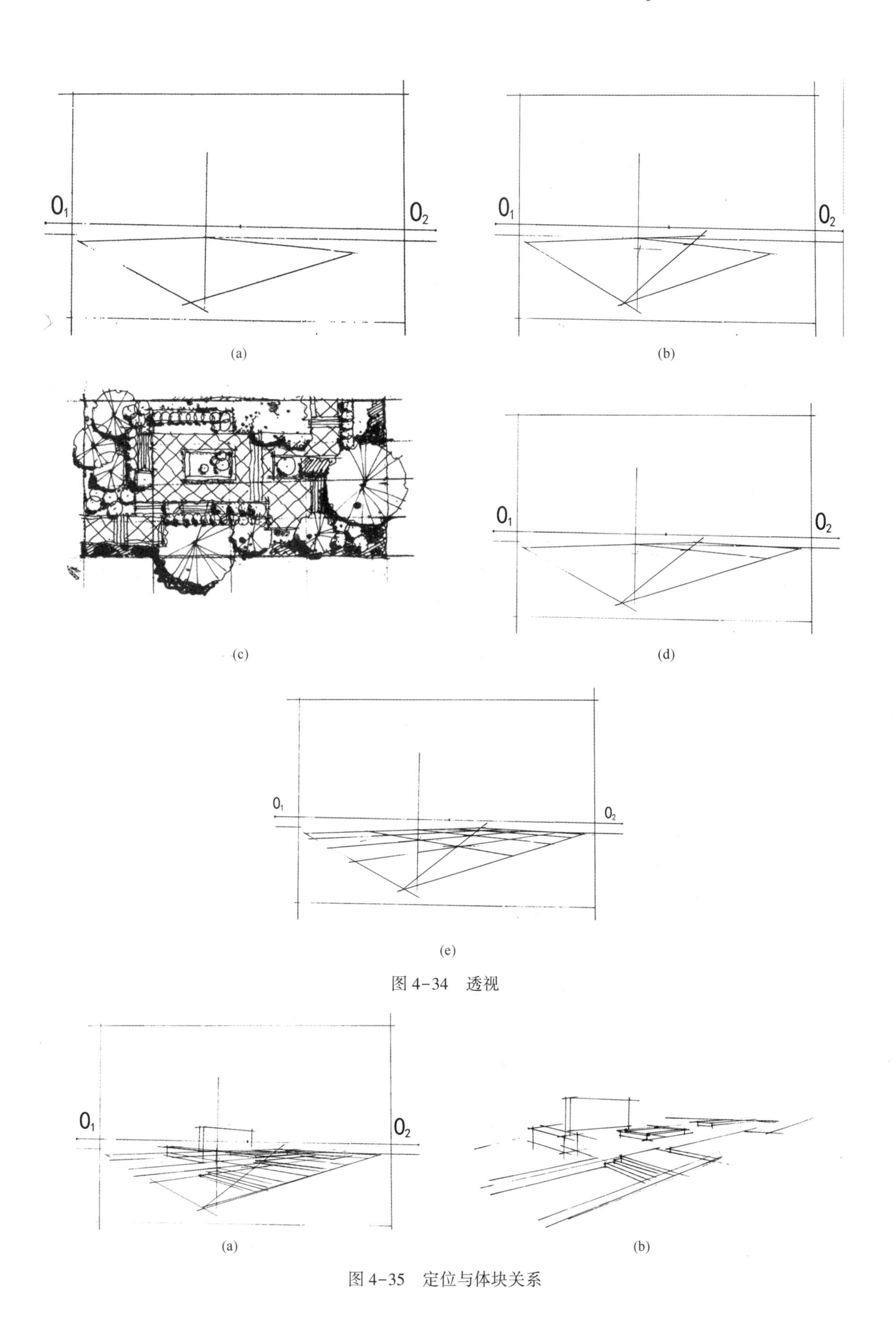

(a)　(b)　(c)　(d)　(e)

图 4-34　透视

(a)　(b)

图 4-35　定位与体块关系

4）植　物

找出植物的对应位置(注意：为满足构图需要我们可以适当地调整平面中植物位置)，以圈的形式给出植物的高度及前后位置关系，如图 4-36 所示。

图 4-36　植物表达

5）绘制细节

刻画出植物和铺装的细节，以及植物的疏密关系，完成最终透视效果图的绘制，如图 4-37 所示。

图 4-37　完成图

4.3.3　练习案例赏析

(1) 居住区景观一角绘制练习实例

1）分析图片

拿到一张图片时切不可操之过急地去画，首先要对其进行分析，并找出以下内容：

① 分析画面中灭点和视平线所在的位置

通过对构筑物的透视线做延长处理，两条消失于同一侧的透视线相交的点就是其灭点所在的位置，另外一侧的灭点用相同的方式。如果无法在画面上相交，可将其延伸到纸外，两个灭点所在的那条线就是视平线所在的位置，如图 4-38(a)所示。

② 分析画面中所包含的景观构筑物

找出构筑物的类型及相对位置，如图 4-38(b)所示。

(a) 画面中灭点和视平线所在的位置

(b) 画面中景观构筑物的位置

图 4-38　写生图片

2）总体构图

① 与平面转效果图五步法一致，首先定出构图框，然后找出视平线(HL)和基线(GL)，具体操作可参照景观效果图五步法。

② 将之前分析出的灭点位置移动到画面上来，并画出大的透视线，如图 4-39 所示。

(a) 写生图片

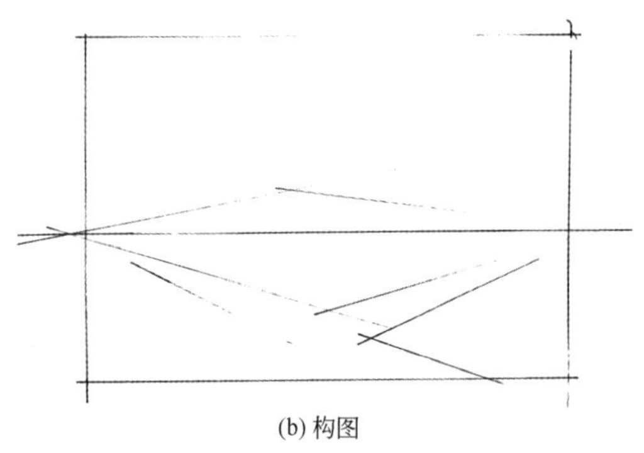

(b) 构图

图 4-39　构图

3）构筑体块及相对位置

构筑物的体块位置不同于平面图转效果图能够在底图中找出，我们可根据事先分析出的位置找出构筑物相对应的位置和高度，如图 4-40 所示。

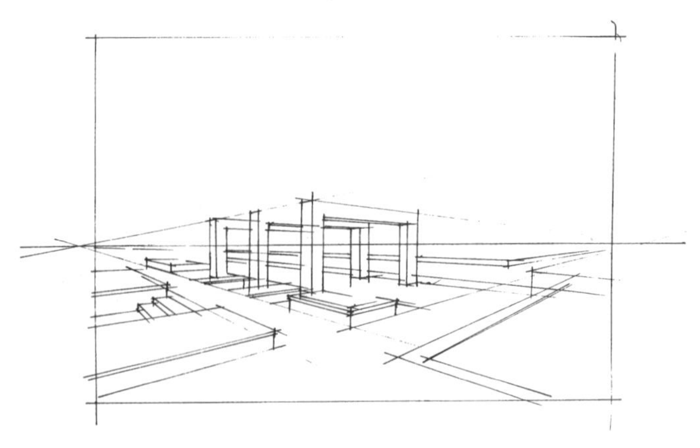

图 4-40 体块和定位

4）绘制植物

通过分析将画面中不适合手绘效果图的植物进行适当的调整和取舍，如图 4-41 所示。

(a) 写生图片　　(b) 绘制植物

图 4-41 植物表达

5）补充细节

完成构筑物、铺装形式、植物、配景人物等细节的刻画，完成效果图的绘制，如图 4-42 所示。

图 4-42 完成图

（2）两点透视效果图案例

图4-43(a)的组成元素为大小不一的体块，处理该图片是透视效果图绘制中较难的环节，把握好透视的同时也要把握好体块的明暗关系，以增强体块的体积感，如图4-43(b)所绘。

(a)写生图片

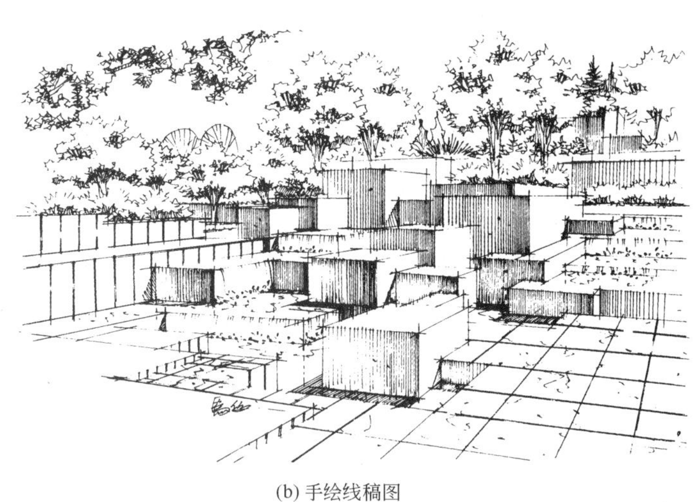
(b)手绘线稿图

图4-43　写生图及透视效果图

4.4　鸟瞰图绘制

鸟瞰图的表达在设计中必不可少，它能够全面地呈现出设计方案的整体结构效果。鸟瞰图是根据透视原理，依据高视点透视法从高处某一点俯视地面起伏绘制成的立体图。

鸟瞰图的绘制看似复杂实则简单，因为它更注重方案的整体效果，而相对人视效果图来说它缺少了很多细节，故在刻画环节就会变得简单，而鸟瞰图的难点在于对整体透视的把握。

4.4.1　平面图转化一点透视鸟瞰图绘制方法

（1）构图及透视

先画出构图框，然后画出透视底图，画大图之前可以在画面上画一个小图来判断地图是否合适，如图4-44所示，然后将其放大底边距离边框约4cm(该位置为经验值，这个位置画出的底图既不会显得靠上，也不会靠下)将小图平行移动。其中dc平行d′c′，过c′点平行移动对角线ac得到a′点，由此得到a′b′，最终得到四边形a′b′c′d′。根据对角线原理将其等分为4×4的网格。

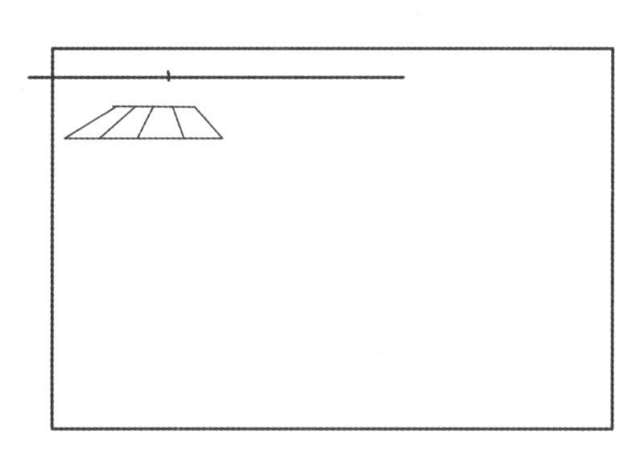

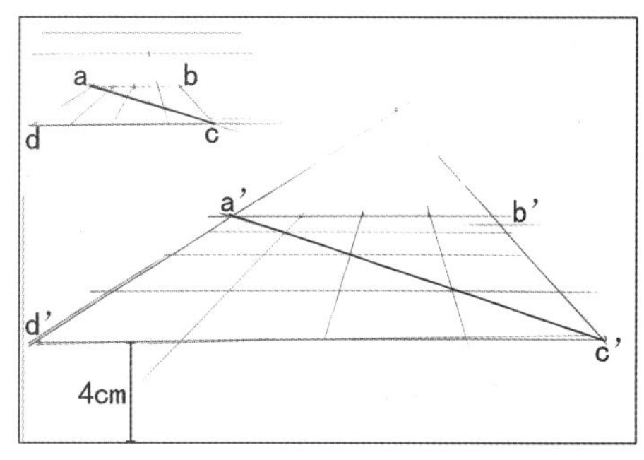

图4-44　鸟瞰图透视角度选定

(2) 定　位

将平面图进行 4×4 等分，对应平面图在透视底图中找出中心节点、路网及构筑物所在位置，如图 4-45 所示。

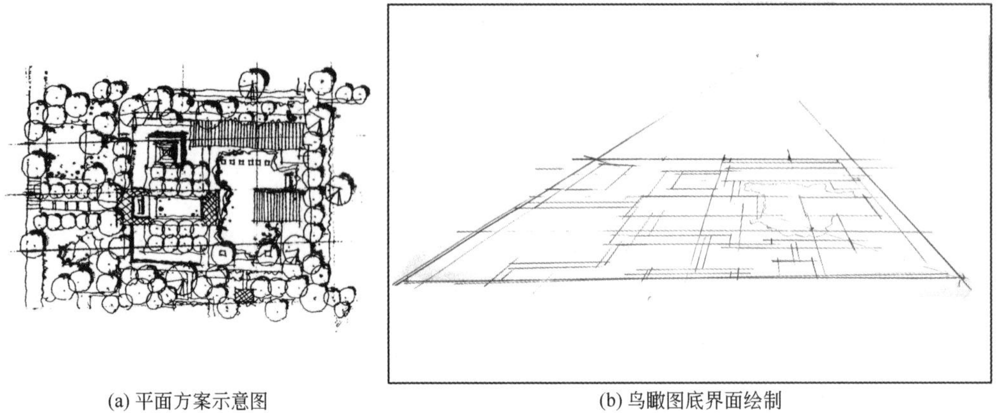

(a) 平面方案示意图　　(b) 鸟瞰图底界面绘制

图 4-45　鸟瞰图定位

(3) 体　块

将构筑物的体块拔高，鸟瞰图中的高度以人视角的方法来找显然比较繁琐，可以通过对比的方式找出体块相对应的高度，只需定位出一个构筑的体块，然后根据已经定好的体块高度找出其他体块的高度，例如景墙的高度一般为 3m，那么其周围的廊架或亭子高度应该基本一致，如图 4-46 所示。

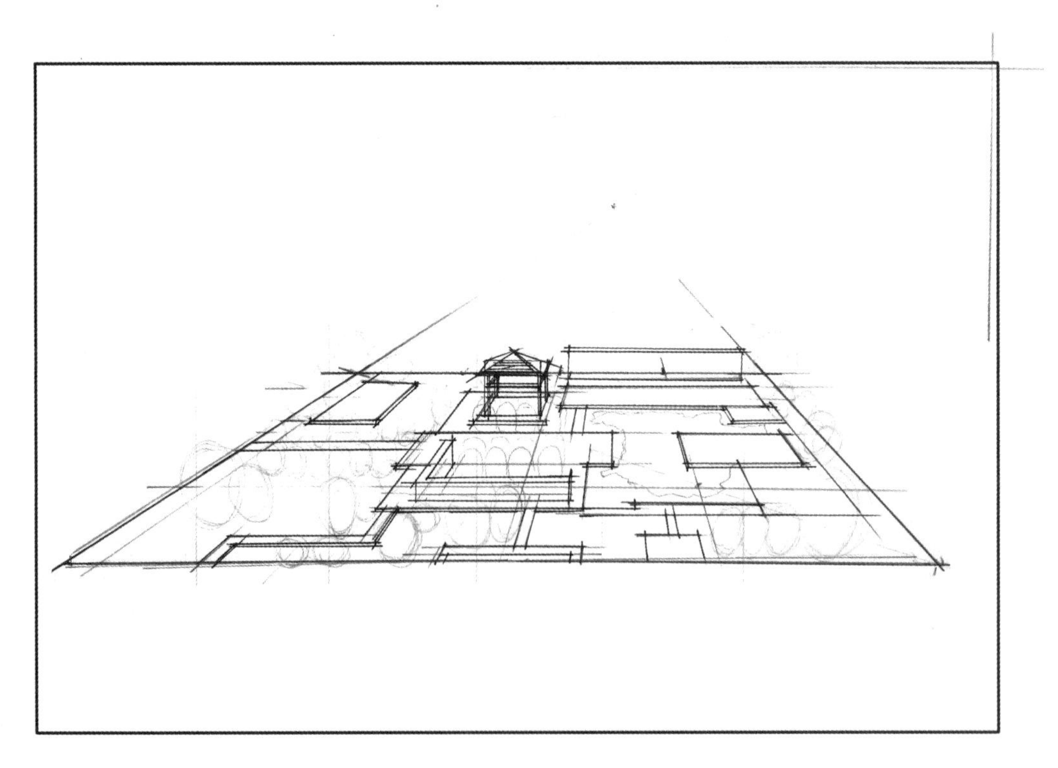

图 4-46　鸟瞰图区域划分绘制

(4) 植　物

鸟瞰图中的植物不同于人视角的植物，最显著的特点是能看到枝干的长度变短，树冠变大，如图 4-47 所示。

图 4-47　鸟瞰图内环境景观绘制

(5) 细　节

刻画出铺装结构、植物细节、构筑物以及远景等，从而完成鸟瞰图的刻画，如图 4-48 所示。

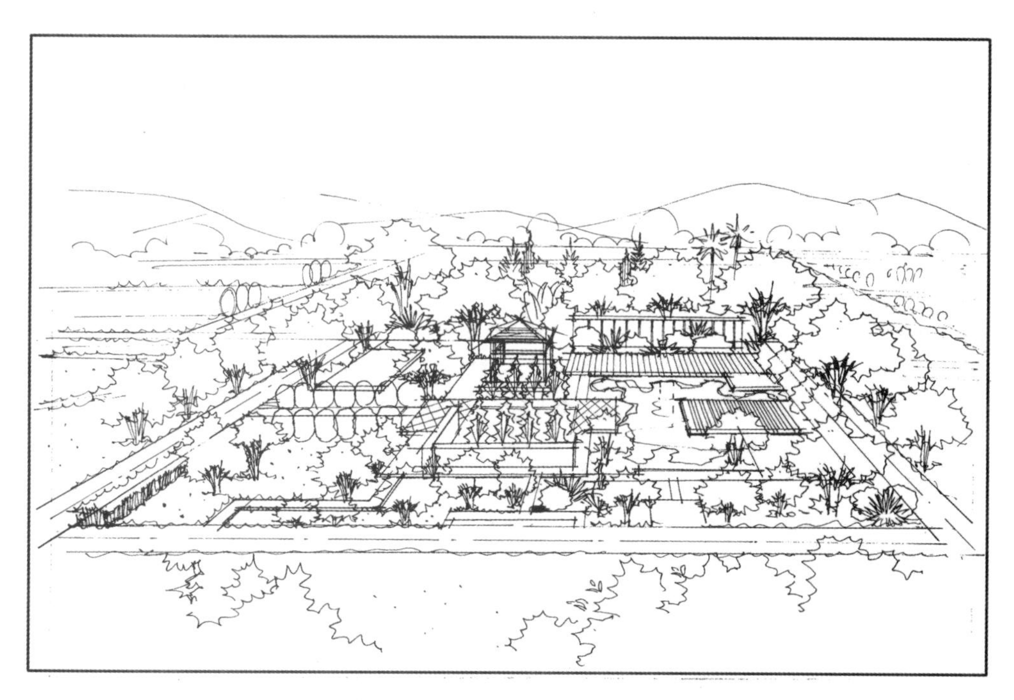

图 4-48　鸟瞰图外环境景观绘制

4.4.2　平面图转化两点透视鸟瞰图绘制方法

两点透视是景观设计专业表达鸟瞰图常用的透视角度，因为两点透视能够非常全面地呈现出设计平面图的全局内容。

(1) 构　图

无论是一点透视还是一点斜透视我们都运用了构图框，构图框是解决构图过大或过小行之有效的方式。没有熟练的构图能力时切不可跳过这个步骤。

(2) 透　视

鸟瞰图中透视是最难解决的一个环节，主要问题在于无法在纸上找到灭点，但通过以下方法就可以轻松地把握透视。

1) 在纸上任意画出一条视平线，定出灭点位置，找到中点，将中点往右边偏移得到一条直线 L（这里我们以右边为例），该直线往左或者往右偏取决于观察平面图的视角，在直线 L 上取一点 P，然后连接 V_1、V_2，观察 V_1PV_2 的角度，该角度约为 110°，角度过大或者过小都会使透视底图变形，如图 4-49(a)所示。

2) 在此基础上截取出正方形 APCD，人眼对透视当中的正方形很敏感，我们可以直接将正方形找出，如图 4-49(b)所示，可以根据对角线原理推导出 2∶3 和 2∶1 的矩形关系（这两种比例关系基本能够概括我们能够遇到的大部分地块，只需在此基础上适当地增加或者减少即可）。

3) 在大的纸面上找出对应直线 L 位置，在 L_1 上取 P_1 点，该点距离构图框的位置约 3cm，这个位置不会使构图过于靠上或靠下，如图 4-49(c)所示。

4) 然后将 V_1P、V_2P 平行移动到 P_1 点位置得到的 $V_1'P_1V_2'$，如图 4-49(d)所示。

5) 连接 AC 点，将 AC 平行移动与 $V_1'P$，$V_2'P$ 相交于 A_1C_1，（如图所示 A_1、C_1 距离构图框约 2~3cm 为适中的构图，可根据实际情况进行调整。）将 AD 平行移动到过 A_1 点位置，将 CD 平行移动到 C_1 点位置。得到底图 $A_1B_1C_1P_1$，如图 4-49(e)所示。

6) 根据对角线原理将小图 4×4 等分，并对应大图位置进行 4×4 等分，如图 4-49(f)所示。

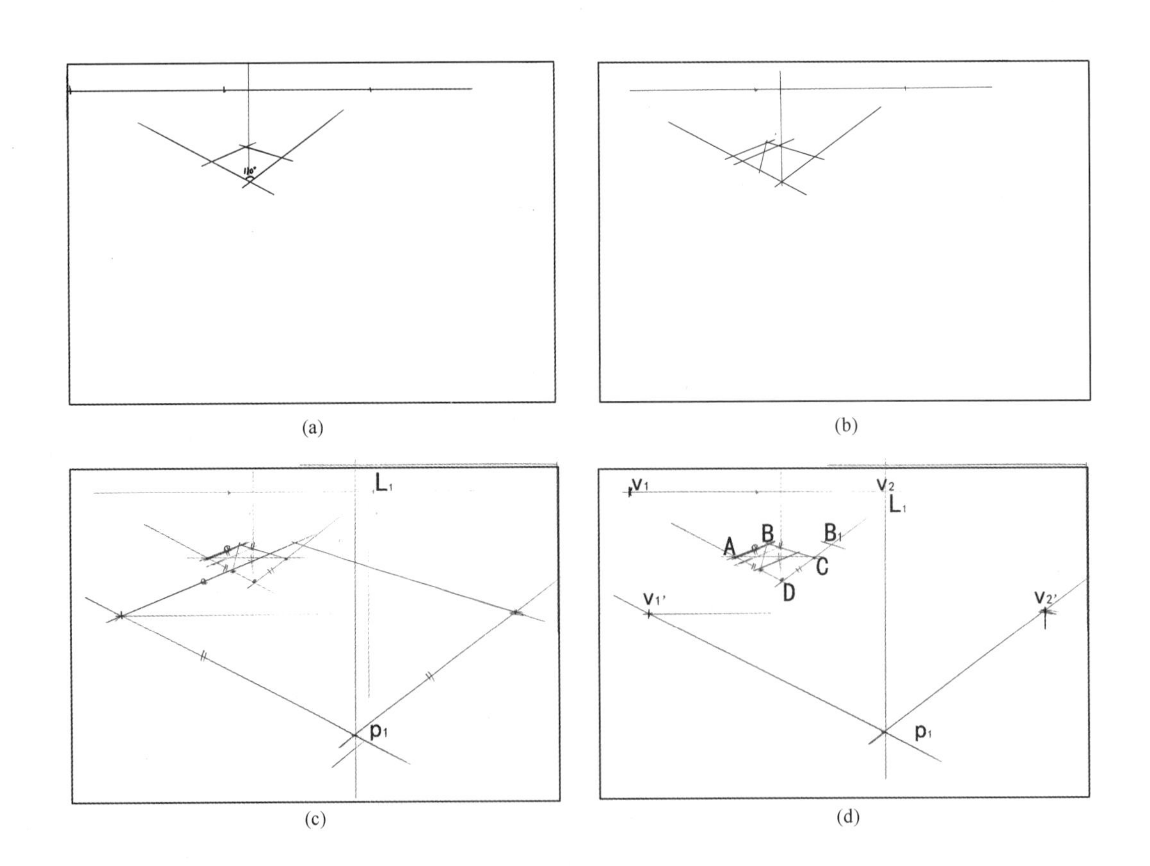

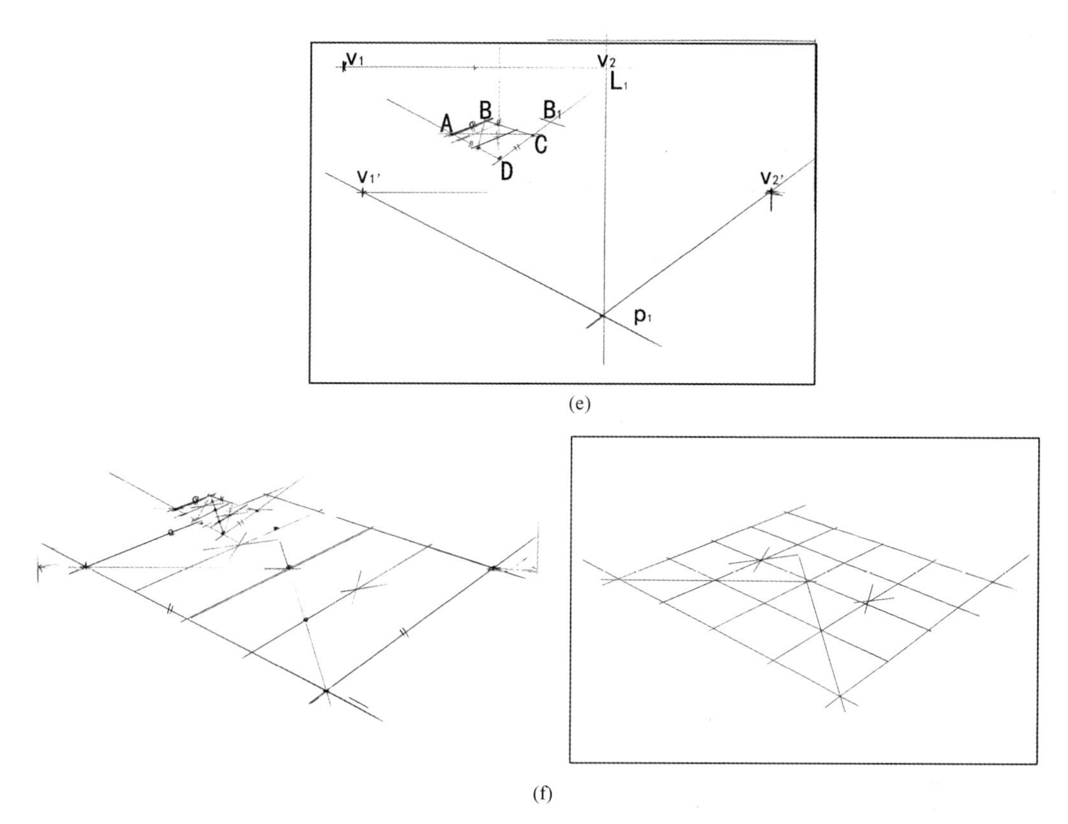

(e)

(f)

图 4-49　鸟瞰图透视确定

(3) 定　位

将设计平面图进行 4×4 等分，对应其位置找到透视图中的位置，应先找出对应的景观节点，路网位置，体块位置等，如图 4-50 所示。

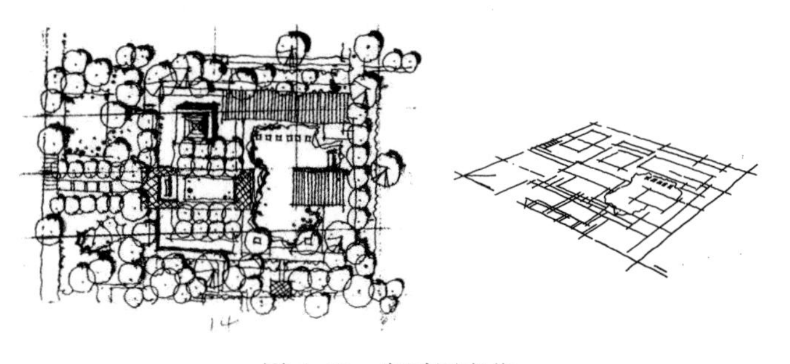

图 4-50　鸟瞰图定位

(4) 体块与植物

找出其中植物的关系。以“鸡蛋”的形式将其定位，并拉出体块的高度关系，如图 4-51 所示。

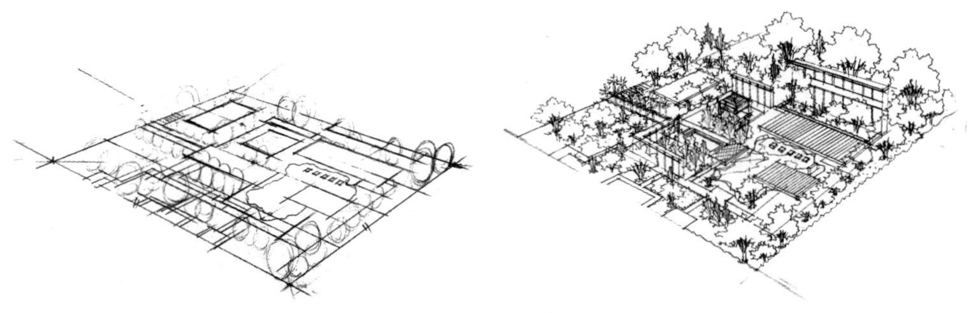

图 4-51　鸟瞰图中植物关系及体块高度

（5）配景及细节

先找出景观节点路网等的细节，然后再刻画植物配景等细节关系，从而完成鸟瞰图的绘制，如图4-52所示。

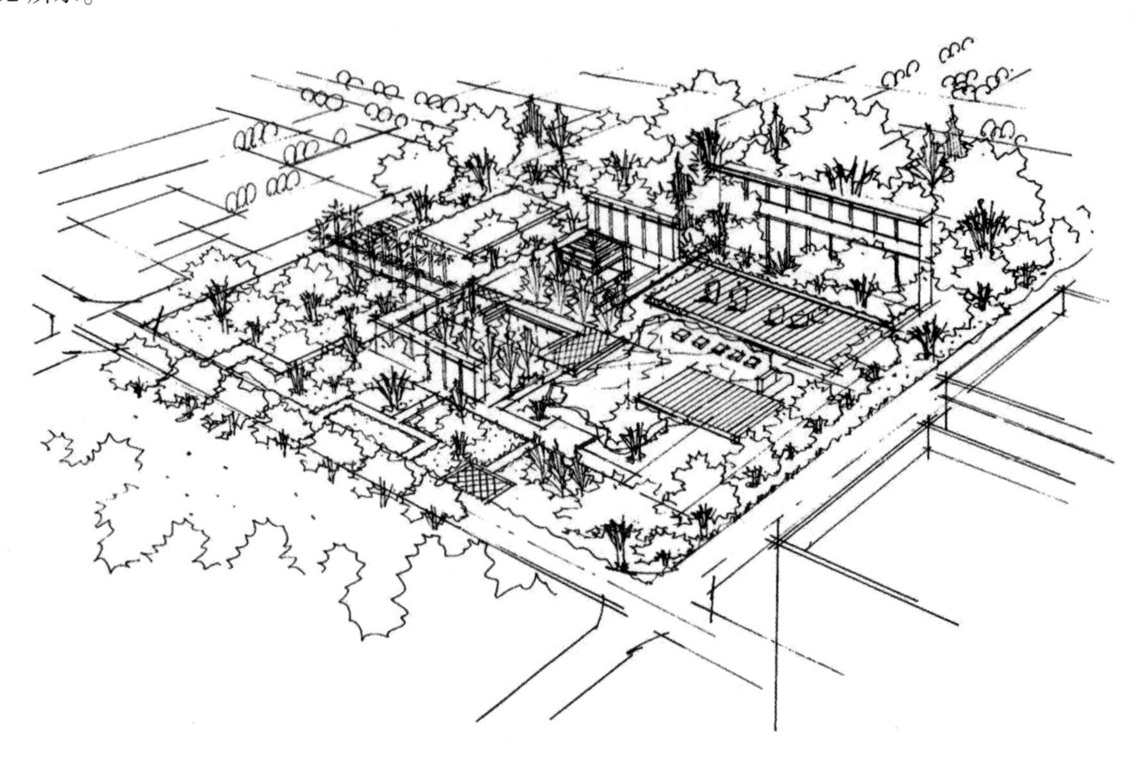

图4-52　鸟瞰图植物配置及细节刻画

4.4.3　练习案例赏析

（1）公园景观鸟瞰图绘制案例

1）对场地空间进行构图、透视与定位，如图4-53(a)所示。

2）绘制出景观空间内的体块以及植物，如图4-53(b)所示。

3）完成空间内的配景与细节的绘制，如图4-53(c)所示。

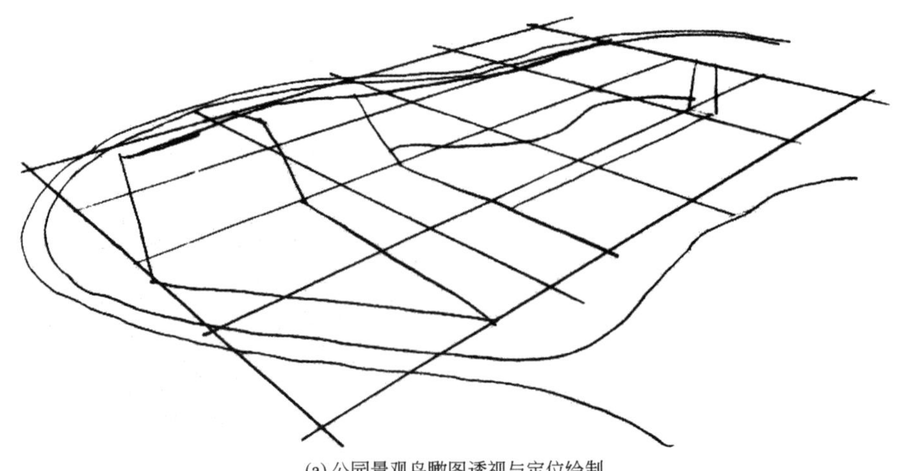

(a) 公园景观鸟瞰图透视与定位绘制

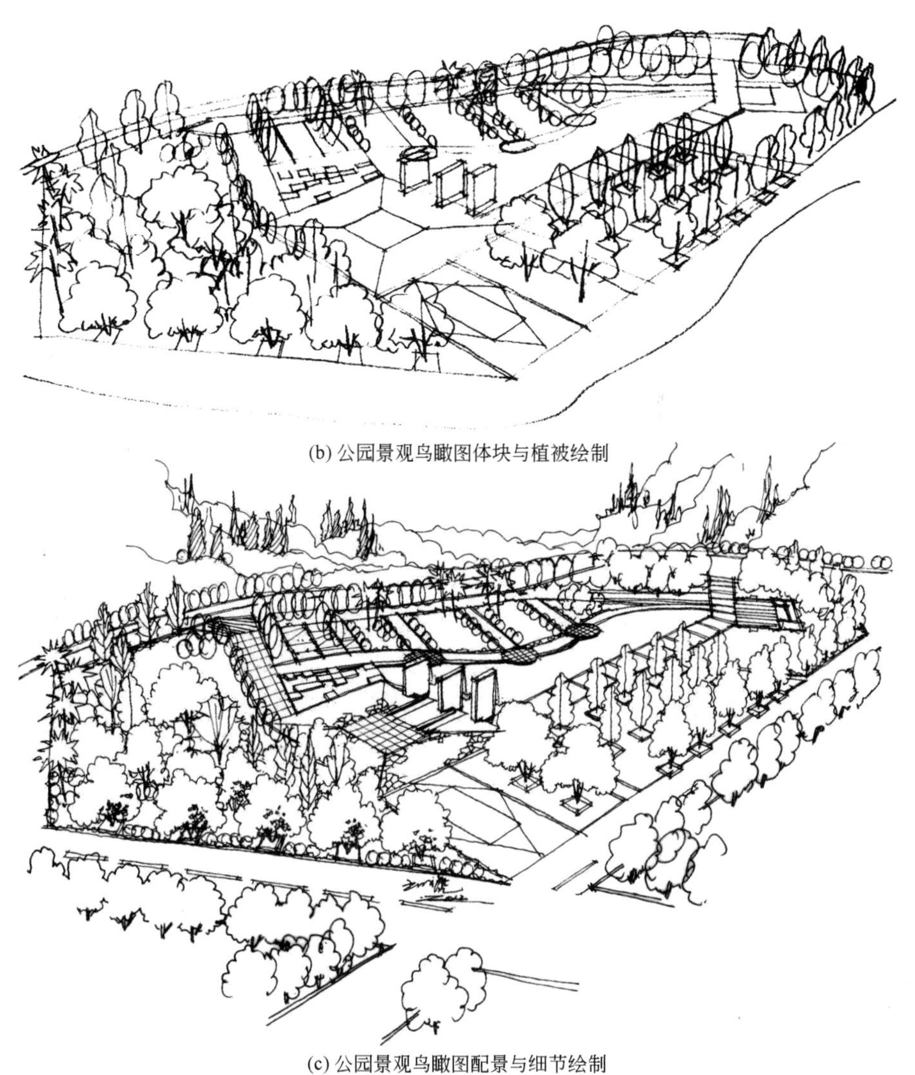

(b) 公园景观鸟瞰图体块与植被绘制

(c) 公园景观鸟瞰图配景与细节绘制

图 4-53　公园景观鸟瞰图绘制步骤图

(2) 居住区景观鸟瞰图绘制案例

1）对场地空间进行构图、透视与定位，如图 4-54(a)所示。

2）绘制出景观空间内的体块，如图 4-54(b)所示。

3）进行景观空间内配景与植物等内容的绘制，如图 4-54(c)所示。

4）刻画细节与投影，完成鸟瞰图的绘制表达如图 4-54(d)所示。

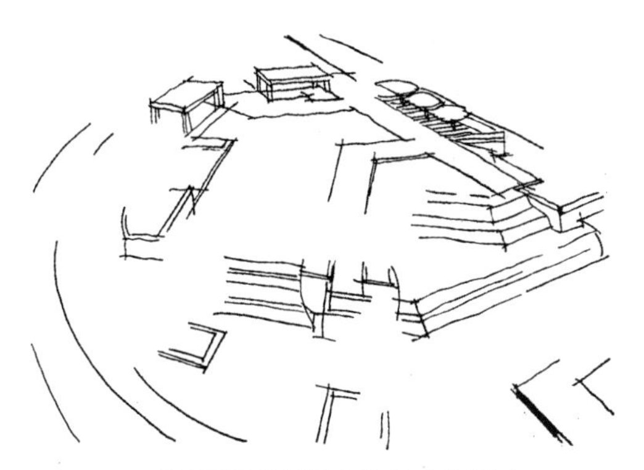

(a) 居住区景观鸟瞰图透视与定位绘制

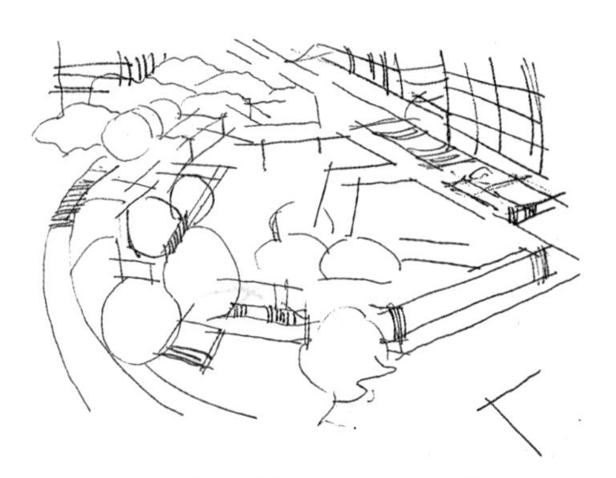

(b) 居住区景观鸟瞰图体块绘制

(c) 居住区景观鸟瞰图配景与细节绘制

(d) 居住区景观鸟瞰图配景与细节绘制

图 4-54　居住区景观鸟瞰图绘制步骤

（3）鸟瞰效果图案例

图 4-55 为两点透视鸟瞰图，刻画时先处理构筑物的关系，尤其要了解鸟瞰图中亭子处理的手法；除此之外还要表现出植物高低错落的关系。更多鸟瞰效果图案例见图 4-56~图 4-67。

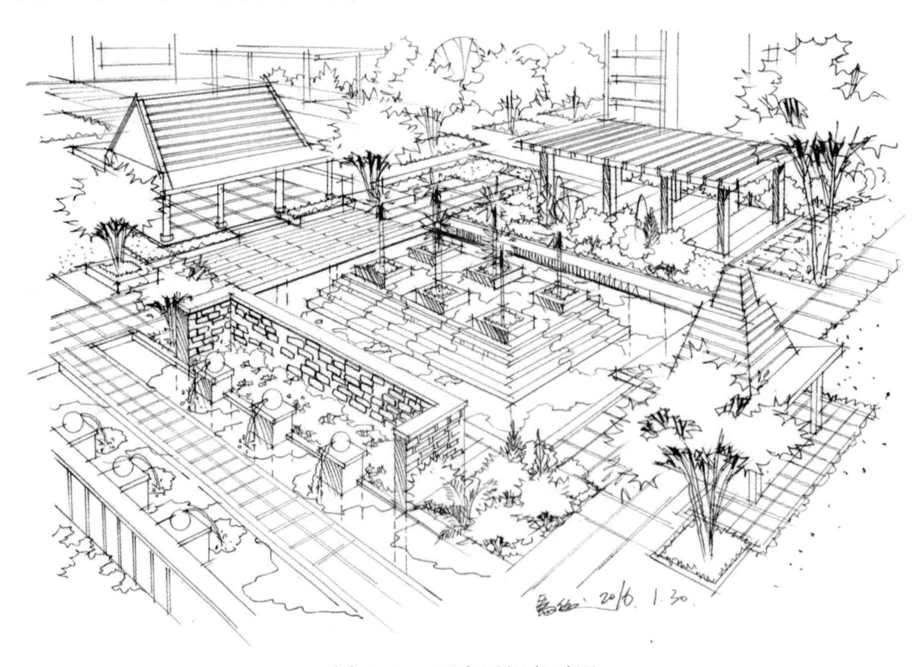

图 4-55　两点透视鸟瞰图

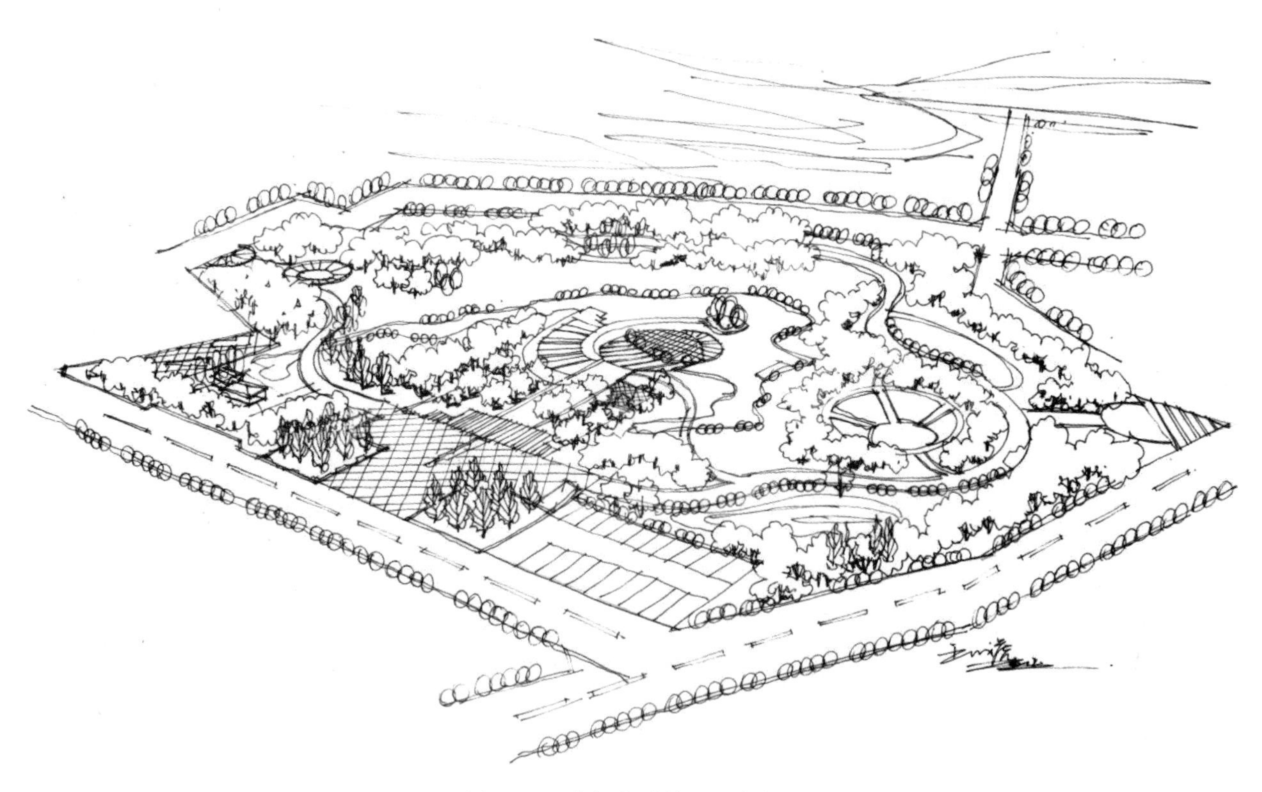

图 4-56　广场鸟瞰效果图案例一

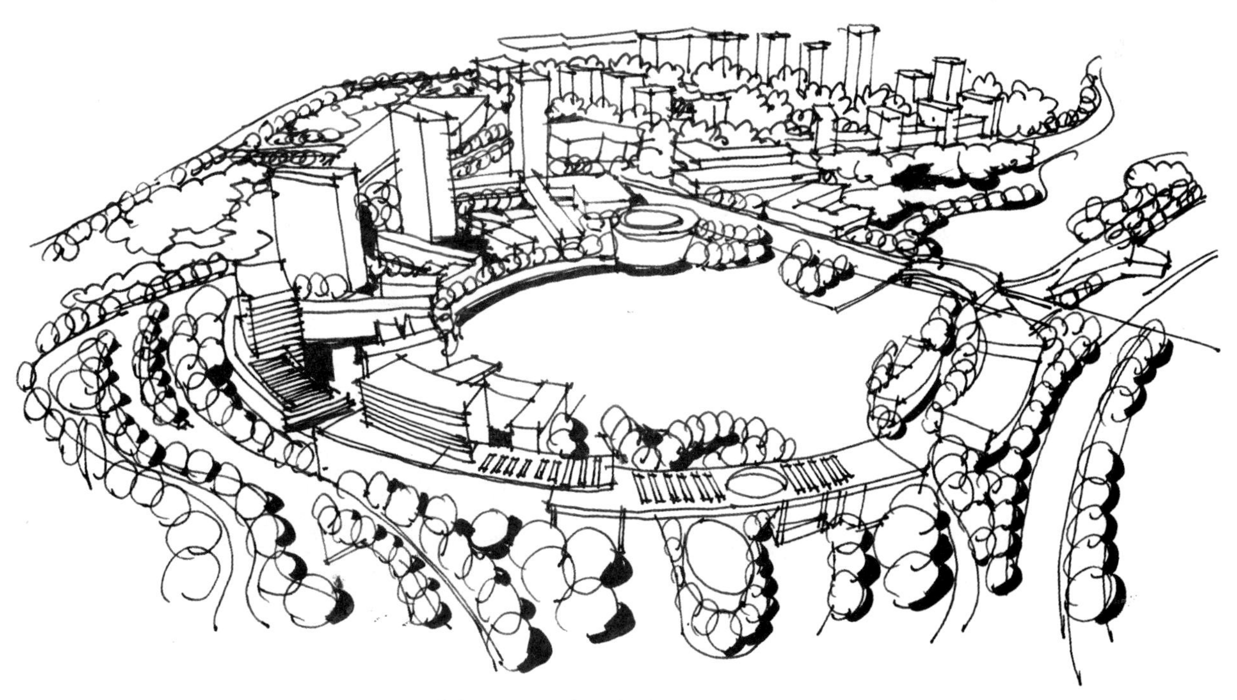

图 4-57　居住区鸟瞰效果图案例二

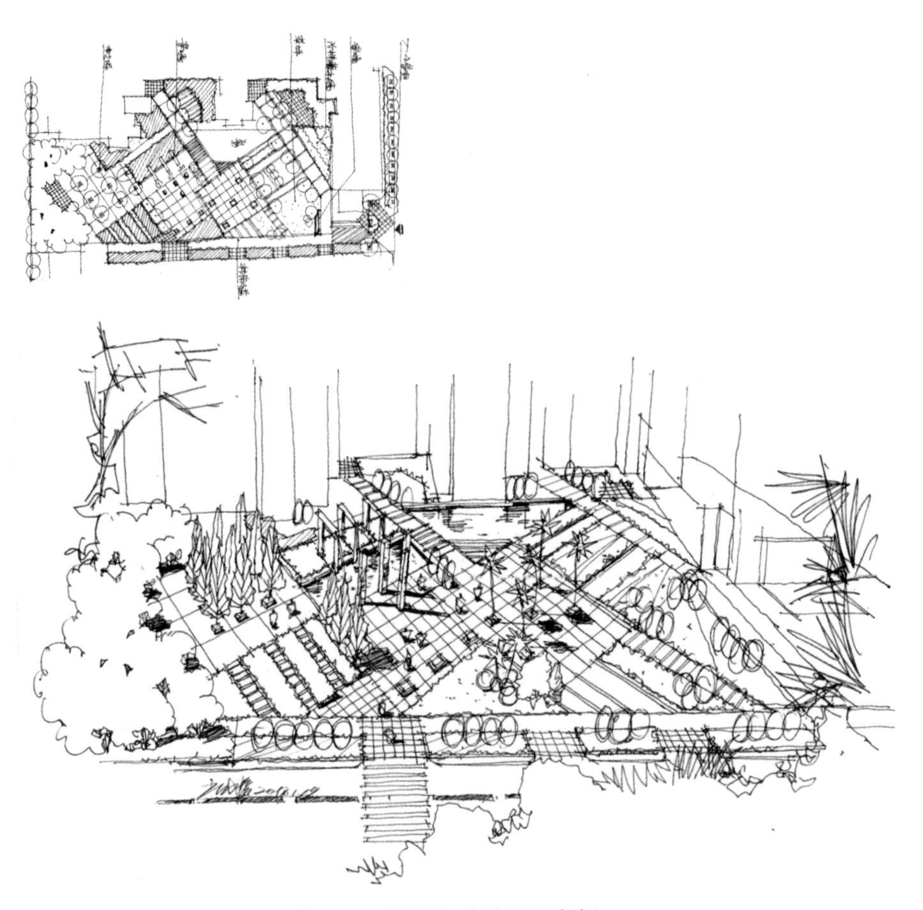

图 4-58　游园鸟瞰效果图案例三

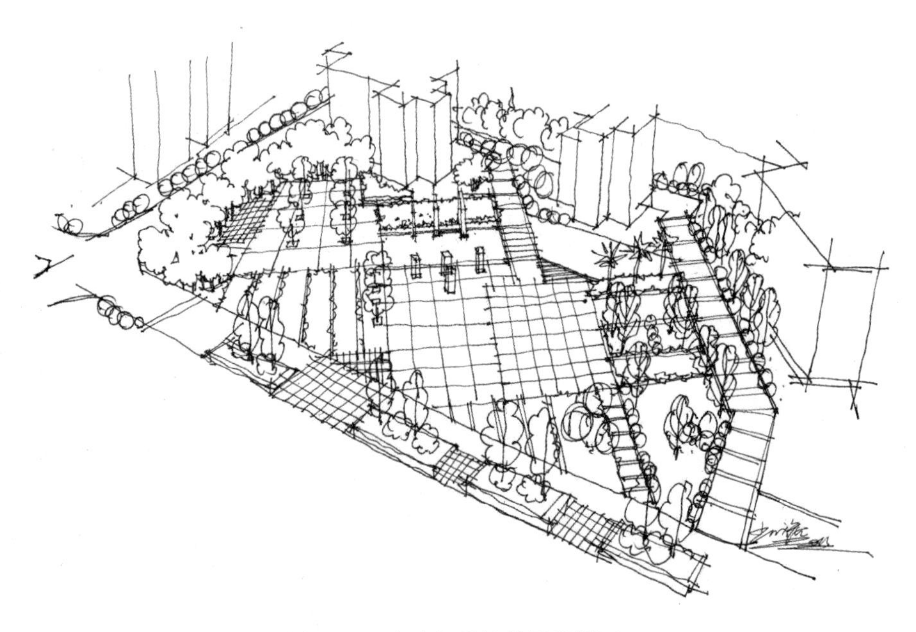

图 4-59　庭院鸟瞰效果图案例四

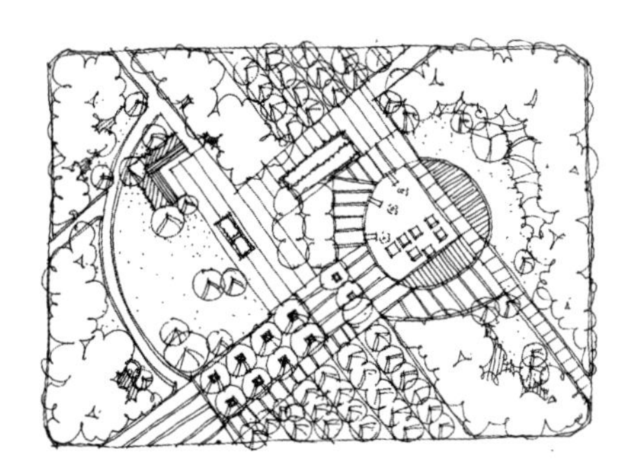

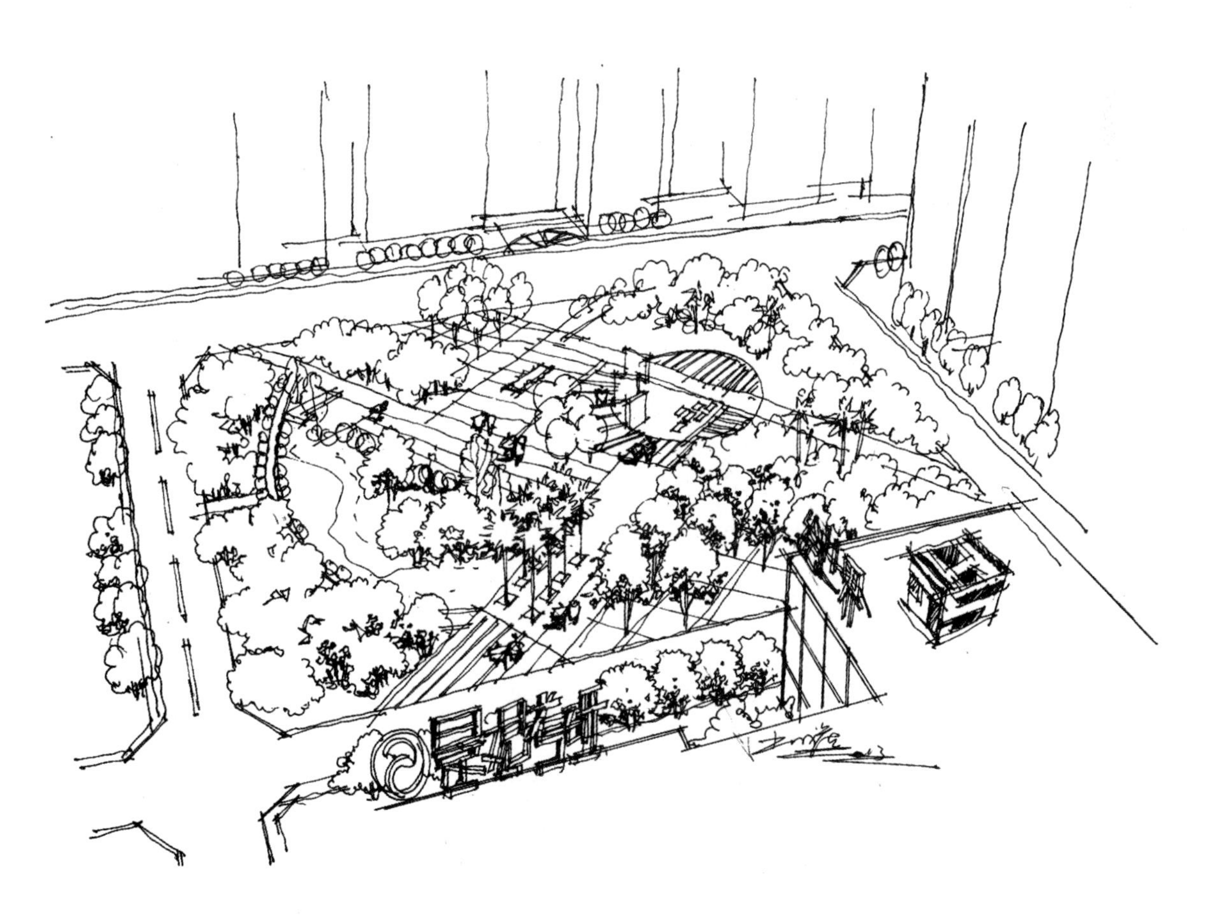

图 4-60 公园鸟瞰效果图案例五

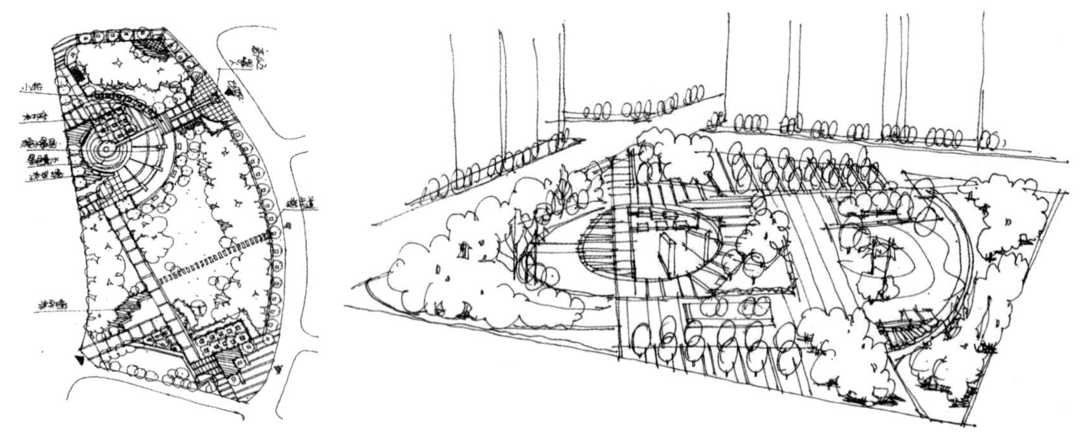

图 4-61　居住区鸟瞰效果图案例六

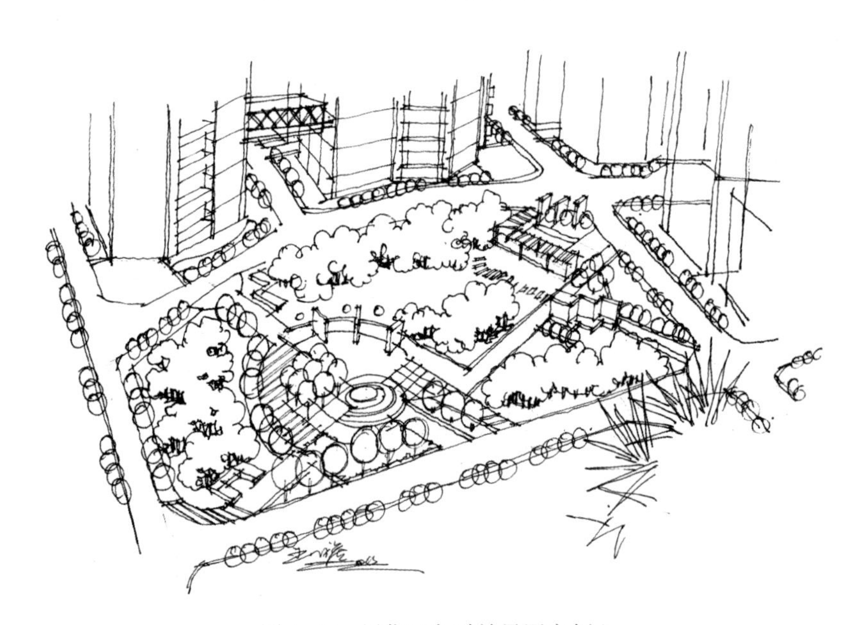

图 4-62　居住区鸟瞰效果图案例七

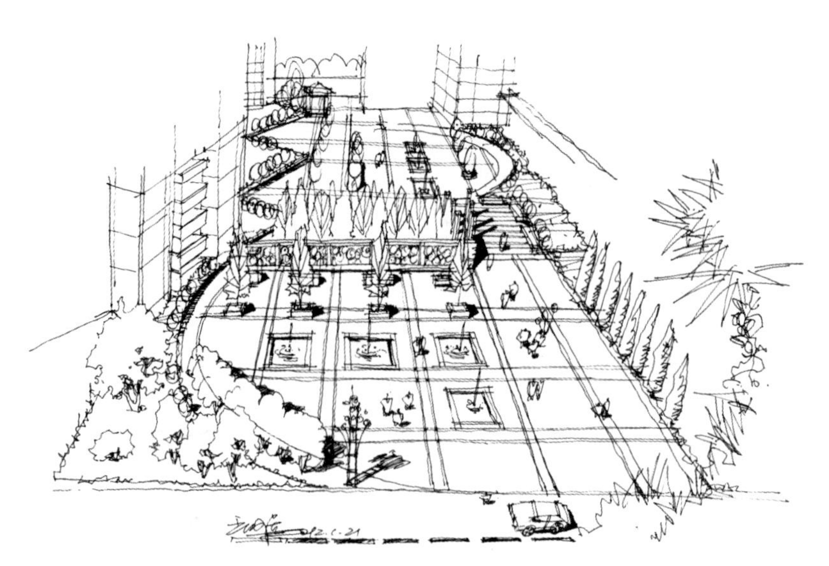

图 4-63　居住区鸟瞰效果图案例八

图 4-64　居住区鸟瞰效果图案例九

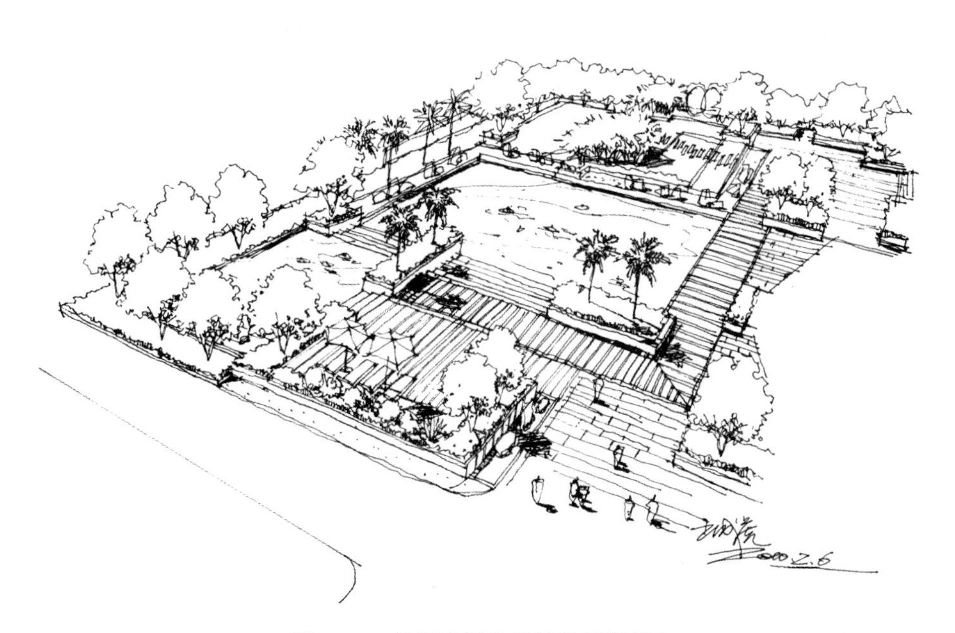

图 4-65　休闲公园鸟瞰效果图案例十

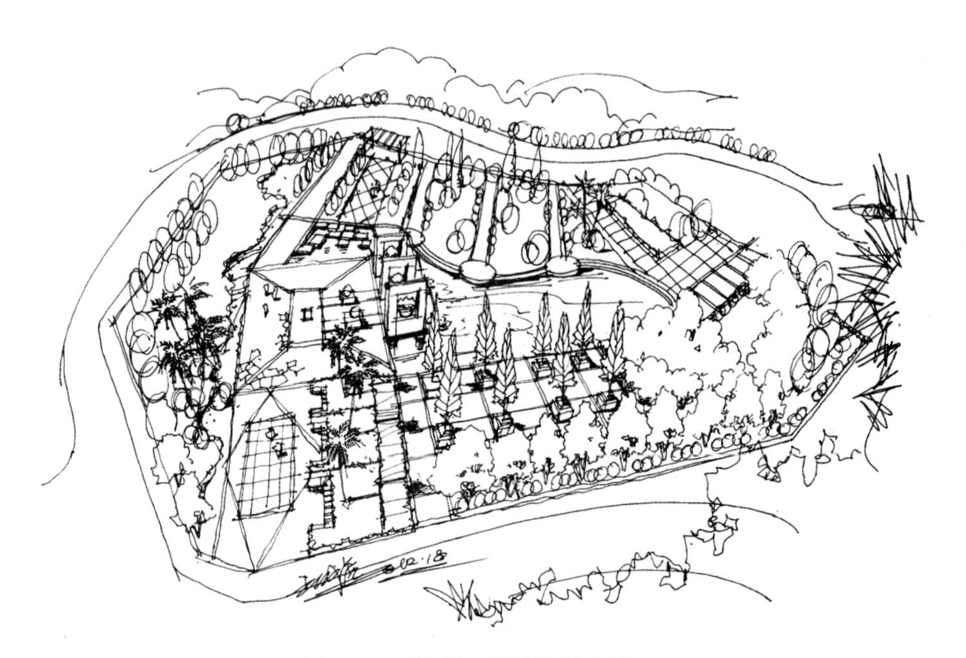

图 4-66　公园鸟瞰效果图案例十一

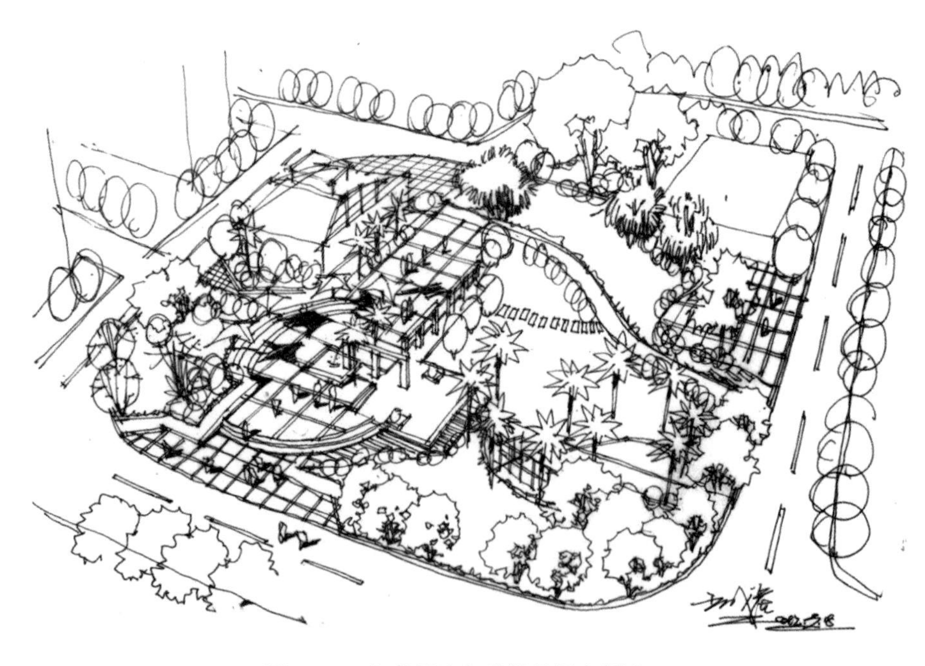

图 4-67　街旁绿地鸟瞰效果图案例十二

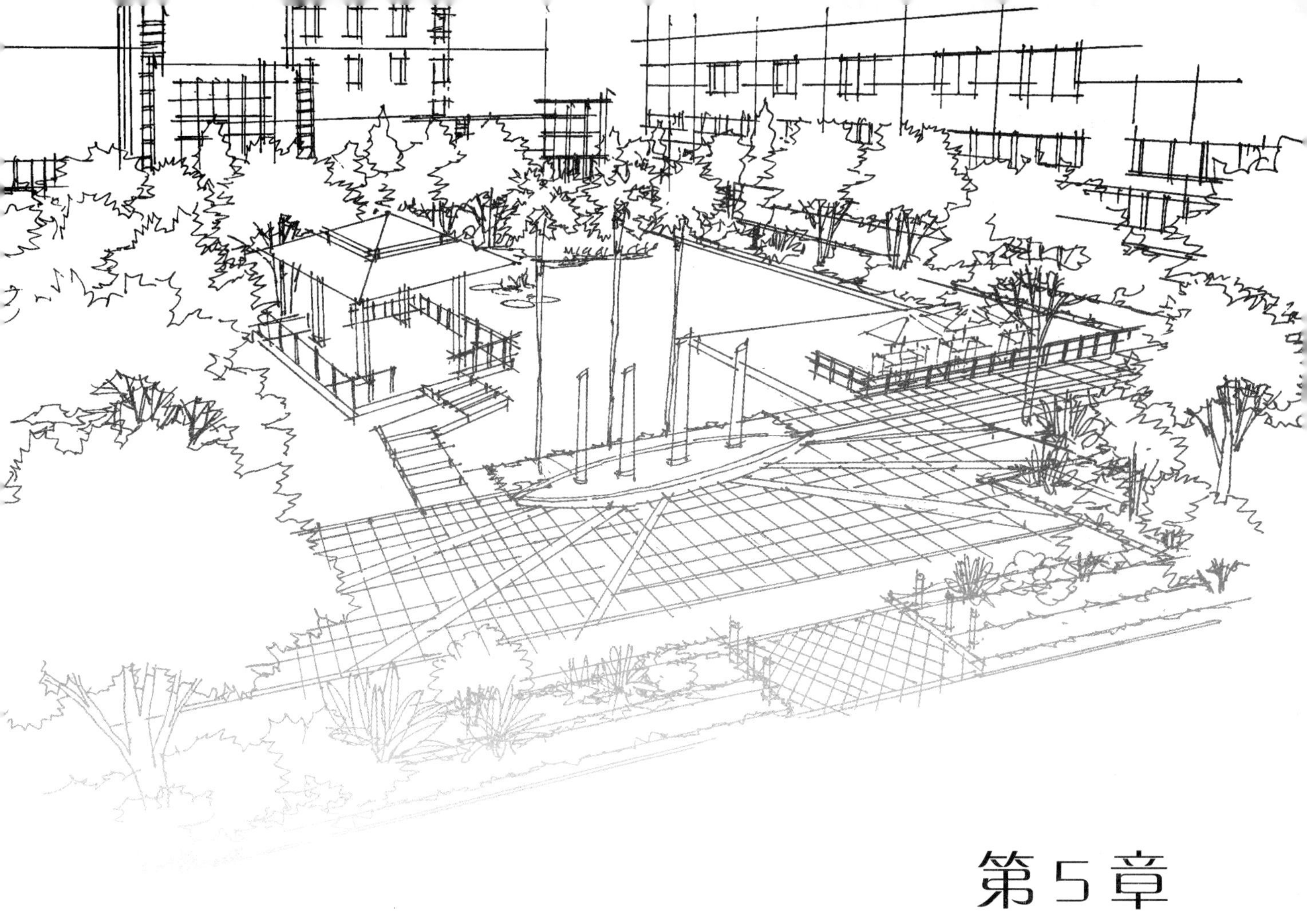

第5章

不同类型的景观空间解析

5.1 公园景观空间绘制解析

公园景观是城市绿化体系的重要部分，被认为是钢筋混凝土沙漠的绿洲，是城市中的生态园，以树木、草地、花卉为主的人工景观可用于平衡城市生态环境、净化空气、调节气候等。

5.1.1 城市公园的类型

公园景观属于大型景观，我国城市公园分类系统根据《城市绿地分类标准》(CJJ/T 85—2017)，按照各种公园绿地的主要功能和内容，将其划分为综合公园、社区公园、专类公园、带状公园和街旁绿地5个种类及11个小类(表5-1)。

表5-1 《城市绿地分类标准》中公园的分类

类别代码			类别名称	内容与范围
大类	中类	小类		
G1			公园绿地	向公众开放，以游憩为主要功能，兼具生态、美化、防灾等作用的绿地
	G11		综合公园	内容丰富，有相应设施，适合于公众开展各类户外活动的规模较大的绿地
	G12		社区公园	为一定居住用地范围内的居民服务，具有一定活动内容和设施的集中绿地
	G13		专类公园	具有特定内容或形式，有一定游憩设施的绿地
		G131	动物园	在人工饲养条件下，移地保护野生动物，供观赏、普及科学知识，进行科学研究和动物繁殖，并具有良好设施的绿地
		G132	植物园	进行植物科学研究和引种驯化，并供观赏、游憩及开展科普活动的绿地
		G133	历史名园	体现一定历史时期代表性的造园艺术，需要特别保护的园林
		G134	遗址公园	以重要遗址及其背景环境为主形成的，在遗址保护和展示等方面具有示范意义，并具有文化、游憩等功能的绿地
		G135	游乐公园	单独设置，具有大型游乐设施，单独设置，生态环境较好的绿地
		G139	其他专类公园	除以上各种专类公园外具有特定主题内容的绿地，包括儿童公园、体育健身公园、滨水公园、纪念性公园、雕塑公园以及位于城市建设用地内的风景名胜公园、城市湿地公园和森林公园等
	G14		游园	除以上各种公园绿地外，用地独立，规模较小或形状多样，方便居民就近进入，具有一定游憩功能的绿地

为满足人们日益增长的文化生活需要，特色公园的类型将会越来越多，分类会越来越细。不同类别的公园在设计中所侧重的功能和设计要点是不同的，在对公园景观空间进行设计的时候，首先需要根据公园的类型和性质，分析场地位置、用地规模、服务对象、服务半径等，确立公园基本功能。

5.1.2 公园的出入口设计

通过前期分析，可以确定场地辅助功能，包括入口、出口、停车等位置，进行分区规划设计。功能区的规划应充分考虑游览路线，休息区应设计在人流聚集处；停车场、建筑物、广场应设立在地形较平缓的区域；出入口应在交通便利处，考虑游人能否方便进出公园，结合周边城市公交点的分布，避免对过境交通的干扰并协调将来公园空间结构布局等。可以将公园的出入口划分为主要出入口、次要出入口和专用出入口。其中主要出入口应设置在城市主要道路和有公共交通的地方；次要出入口一般设置在园内有大量集中人流集散的设施附近；专用出入口多选择在公园管理区附近或较偏僻安静的位置。

公园出入口在设计上需要注意以下几点：

① 设计应充分考虑它对城市街景的美化作用以及对公园景观的影响。

② 其平面布局、立面造型、整体风格应根据公园的性质和内容来具体确定(图 5-1、图 5-2)。

③ 一般公园大门造型都与周围城市建筑有较明显的区别，以突出其特色(图 5-3)。

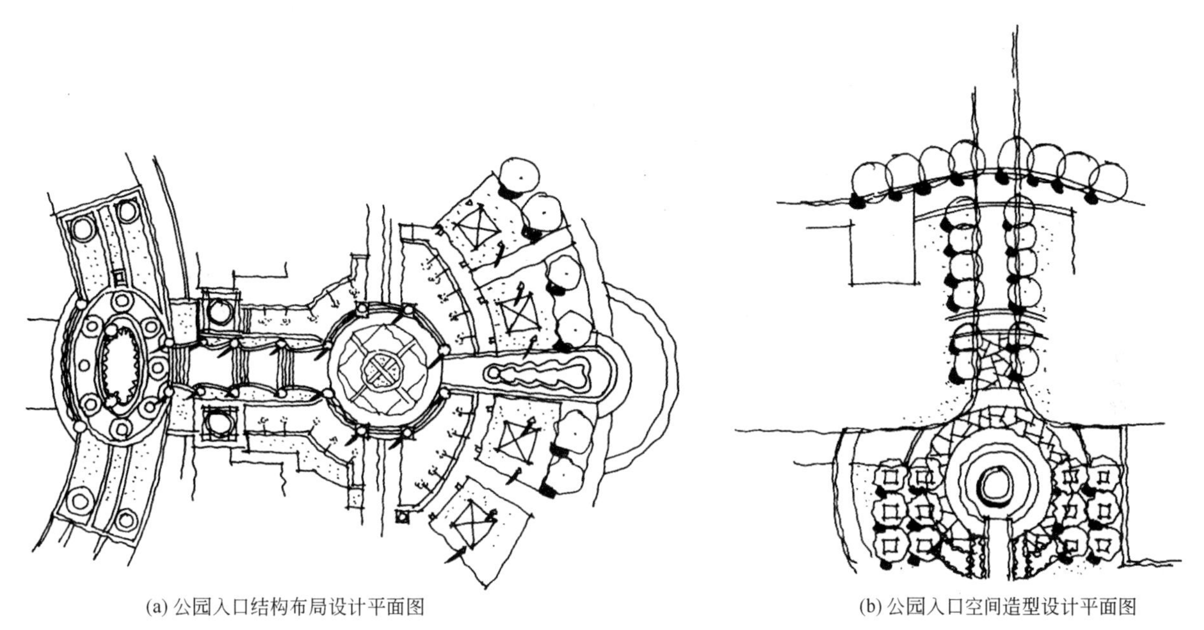

(a) 公园入口结构布局设计平面图

(b) 公园入口空间造型设计平面图

图 5-1 公园入口节点设计平面图

图 5-2 公园入口景观设计立面图

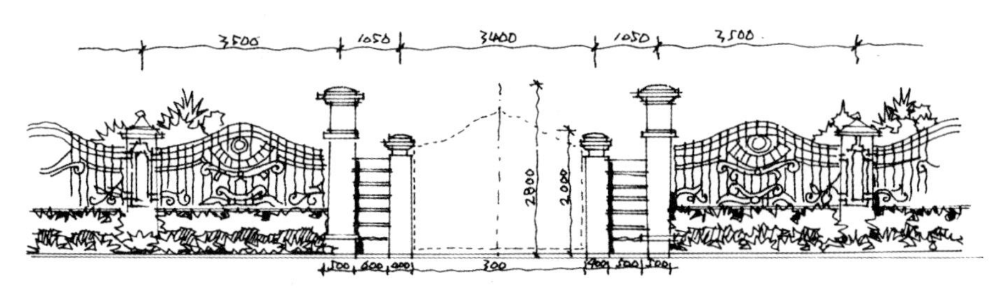

图 5-3 公园大门设计立面图

5.1.3 公园的道路设计

道路规划注意道路分级；园路功能主要是作为导游观赏用，其次才是供管理运输和人流集散；必须统筹布置园路系统，区别园路性质，确定园路分级。一般园路分为：主园路、次园路、小径。

（1）主园路

主园路是公园内的主要道路，其作用串联公园内的各个功能区。通过主园路的序列连接规划游人线路，营造完整的空间序列。主园路的宽度一般设置为3~7m。

（2）次园路

次园路是园区内各个功能分区联系景点，并辅助主园路的道路。次园路的宽度一般为2~5m。

（3）小　径

小径又称之为游憩步道，是公园道路系统中的末梢，次园路的进一步细化。主要作用是引导游人深入到景点内部，方便游客对各个景点进行细致观察，例如景点内的水体、植物、山石等细节。小径的宽度一般在1~3m。

其中，各级别道路之间的关系基本有以下三种布局形式：串联式、并联式、放射式（图5-4）。公园内的道路规划常常以上三种形式混合使用，通常以一种道路布局形式为主，其他布局形式为辅。

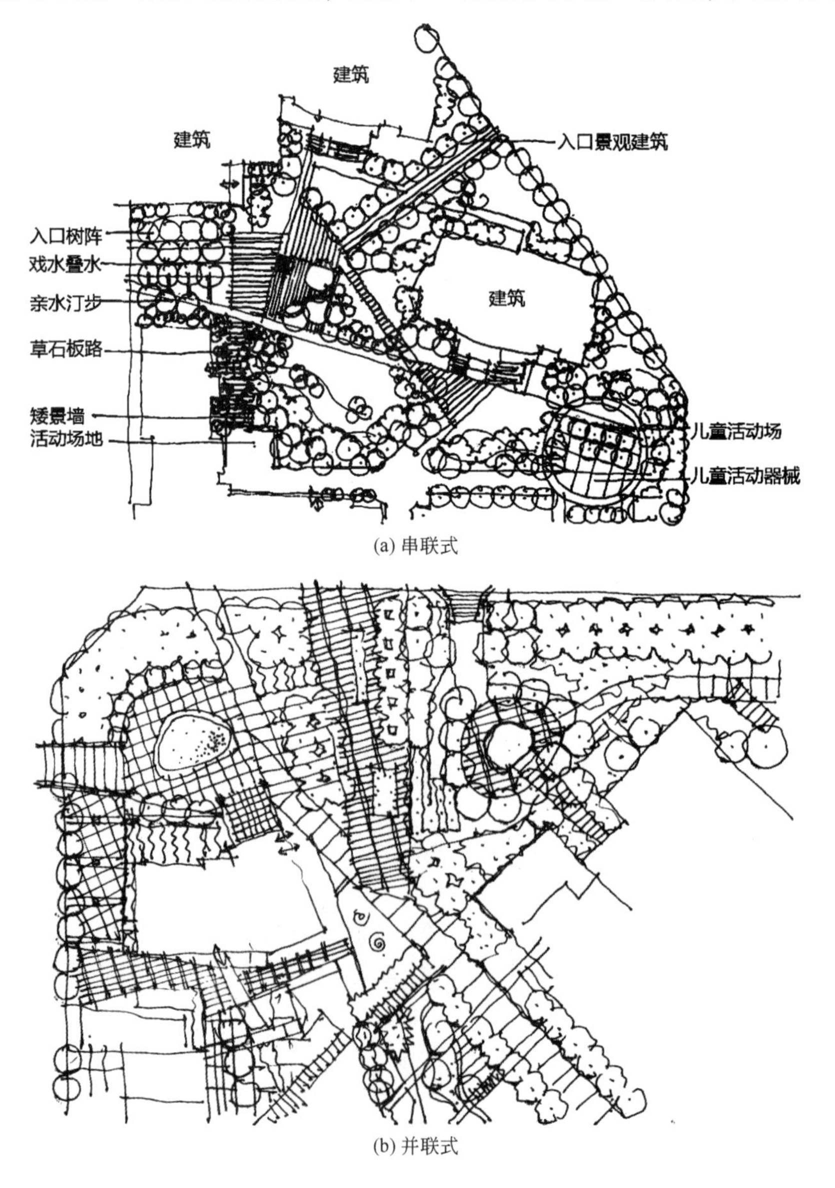

(a) 串联式

(b) 并联式

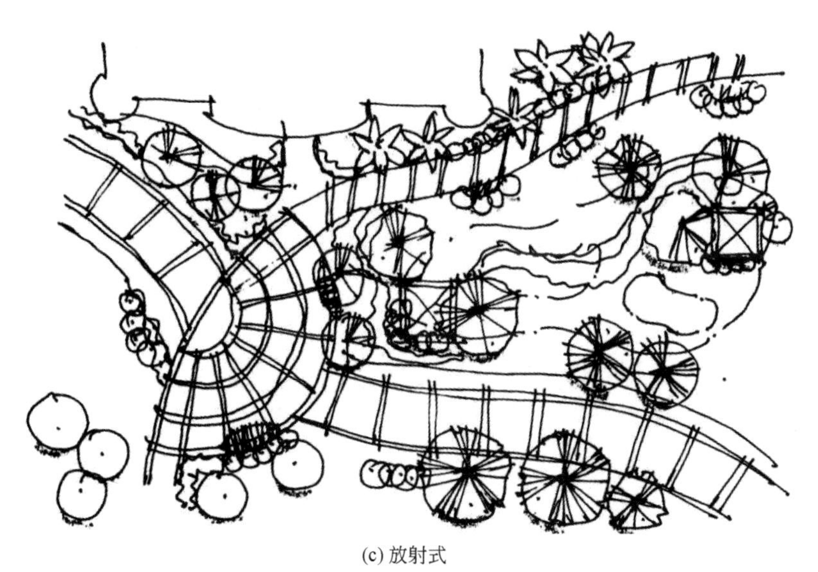

(c) 放射式

图 5-4　道路布局关系

5.1.4　公园的布局原则与形式

公园布局要有机地组织不同的景点、景区，使各景区间有联系且又有各自的特色；公园景色布点与活动设施的布置要有机地组织起来，在公园中要有构图中心；平面构图中心的位置一般设在适中地段，较常见的是由建筑群、中心广场、雕塑、岛屿、“园中园”及突出的景点组成；在公园的景观立面构图中较常见的是由建筑、雕塑、构筑物、高大的古树及标高的景点组成(图 5-5)。

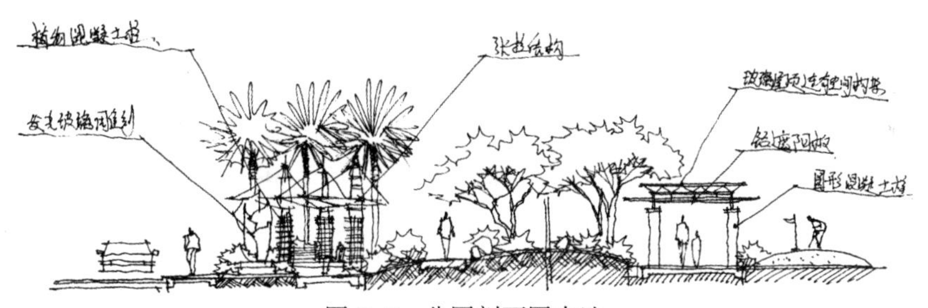

图 5-5　公园剖面图表达

公园景观设计的布局形式主要有规则型、自然型、混合型三种，特点如下。

(1) 规则布局

强调轴线对称，多用几何形体，比较整齐，有庄严、雄伟、开朗的感觉。适用于有规则的地形或平坦地形，如图 5-6、图 5-7 所示。

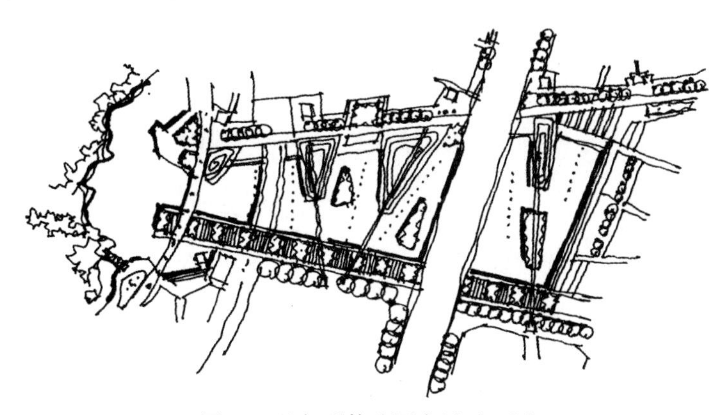

图 5-6 几何形体公园布局平面图

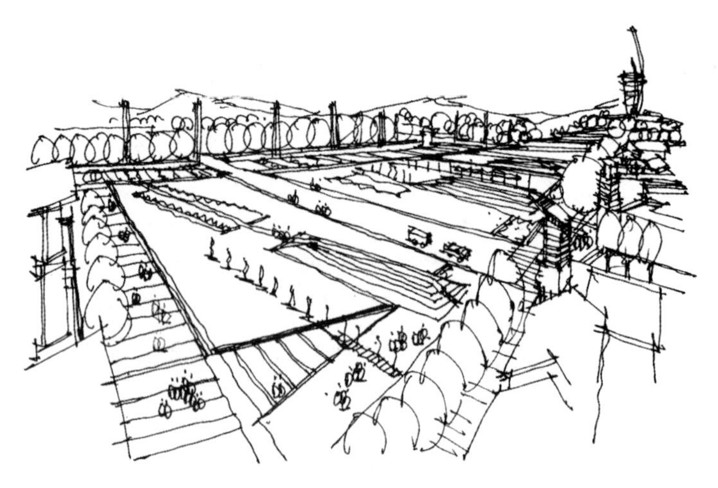

图 5-7　几何形体公园布局鸟瞰图

（2）自然布局

安全结合自然地形、原有建筑、树木等现状的环境条件或按美观与功能的需要灵活布置，可有主体和重点，但无一定的几何规律，如图 5-8 所示。自然式布局适用于有较多不规则地形，可形成富有变化的风景视线。

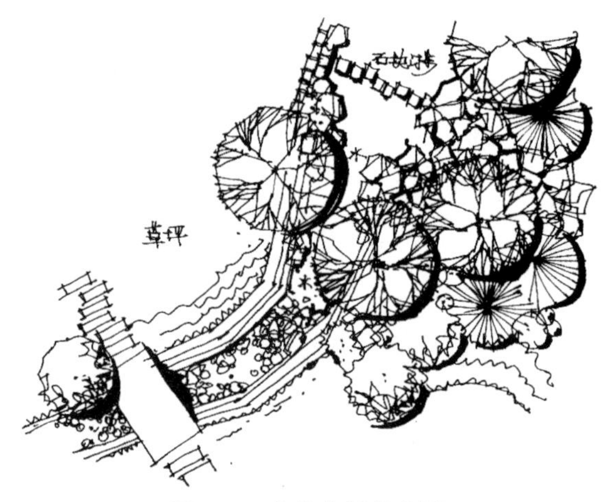

图 5-8　自然布局的公园

（3）混合布局

即部分地段为混合式，部分地段为自然式。适用于用地面积较大的公园，可按不同地段的情况分别处理，如图 5-9、图 5-10 所示。

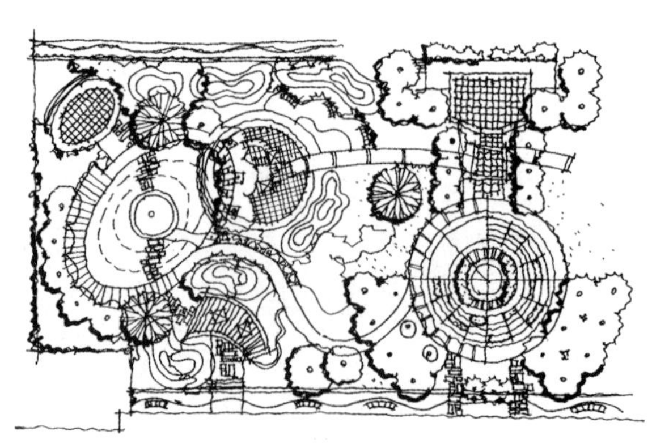

图 5-9　混合式布局公园平面图一

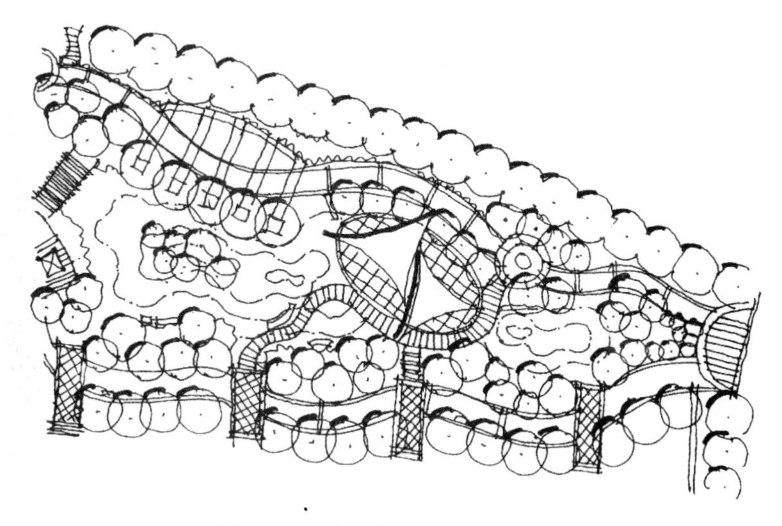

图 5-10 混合式布局公园平面图二

5.1.5 各类型公园设计及空间特点

(1) 综合公园

综合公园一般指的是在城市范围内为居民提供休闲游憩、文化娱乐活动的空间场所。其用地面积一般较大，包含综合性的绿地，园内设施丰富完备，如图 5-11 所示。例如美国纽约的中央公园、广州越秀公园、北京中山公园等。综合公园是城市绿地系统的重要组成部分，同时作为城市主要的公共开放空间，其作用包括塑造城市景观环境、调节城市生态环境，以及为城市居民生活提供公共活动场所等。综合公园一般可分为文化娱乐区、儿童活动区、老年人活动区、体育活动区、安静游览区和管理区。

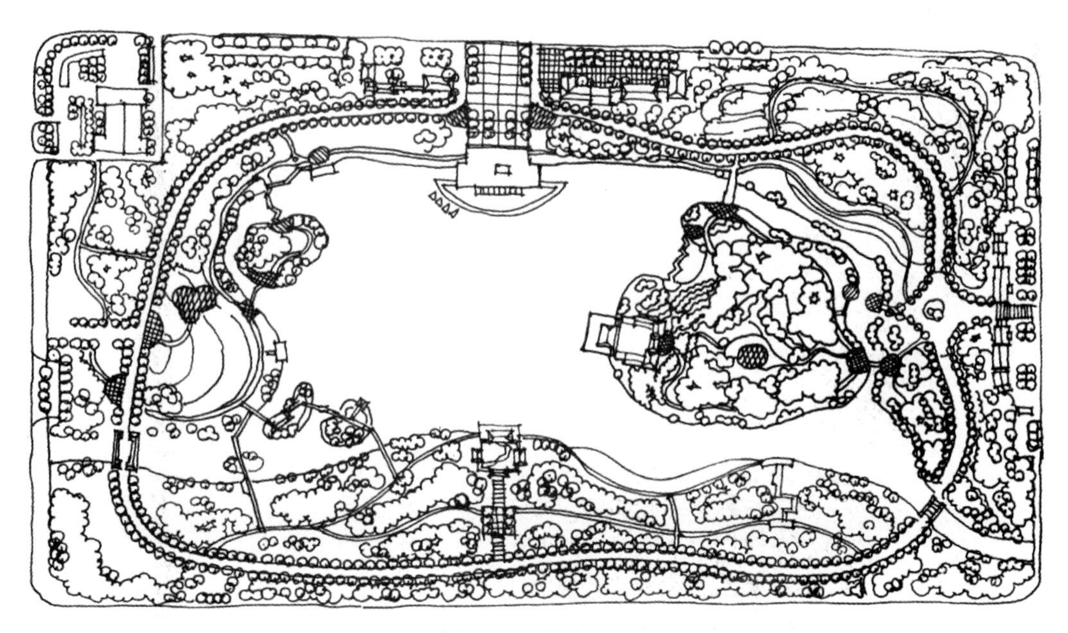

图 5-11 综合公园

综合公园在景观设计上需要注意以下几点：

1）文化娱乐区常位于公园中部，公园主要建筑往往设置于此。区域内活动人流量较大，应设置足够数量的景观公共设施，例如座椅、饮水处、厕所等。

2）安静游览区作为综合公园中占地面积最大的区块，可按照地形分散设置，无需集中在一处，注意植物的选用、水体的处理，如图 5-12 所示。安静游览区内一般游人较多，要求游人的密度较小，故需大片绿化用地。

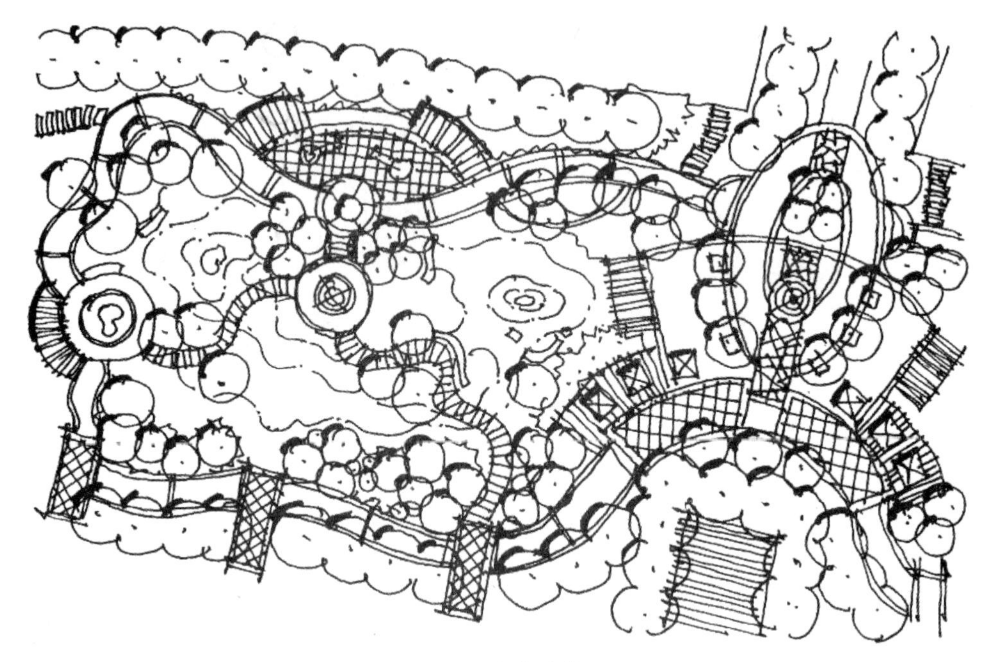

图 5-12　安静游览区

3）老年人活动区可分为动区和静区，并考虑老年人的交通方式。园区内注意无障碍设施的设计。

4）儿童活动区花草树木品种要丰富多彩，色彩艳丽。避免有毒、有刺、恶臭的浆果植物；且铺装形式丰富，铺装颜色宜有相对较高的纯度，充满童趣，如图 5-13、图 5-14 所示。

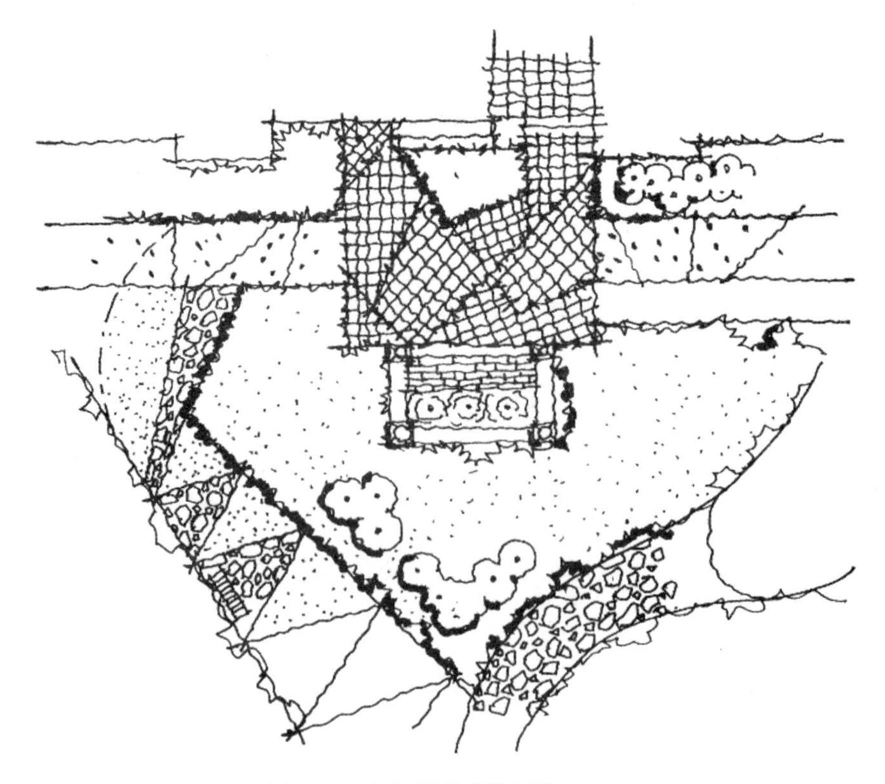

图 5-13　几何形儿童活动区

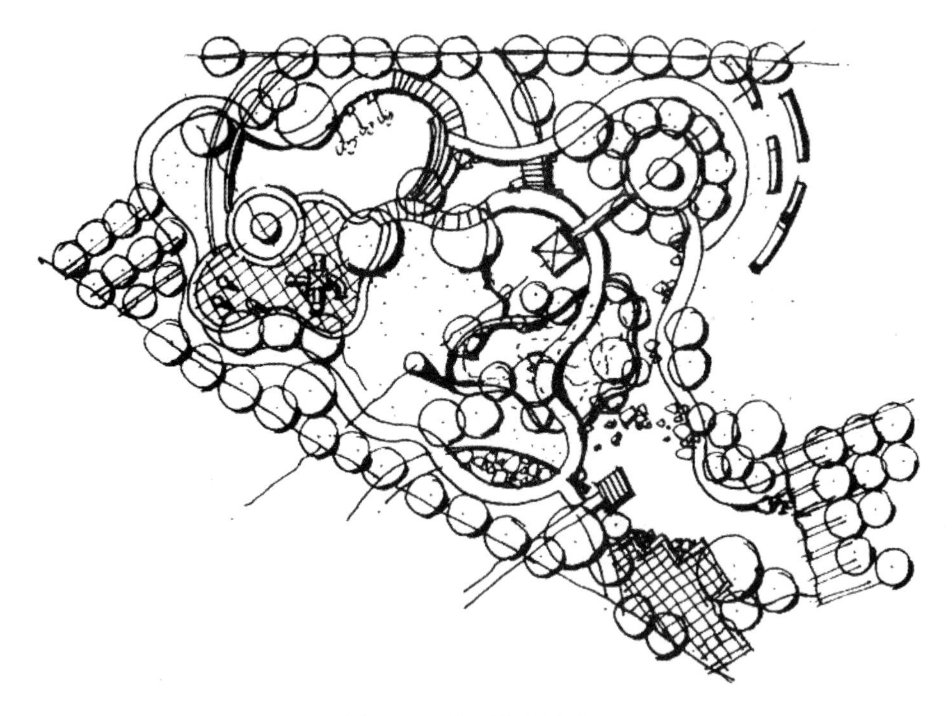

图 5-14　曲面儿童活动区

5）植物的选配注意乔木、灌木的搭配，重视景观的季节变化。园内树种可多选用乡土树种为公园的基调树种，植物配置要利用现状树木，特别是古树名木。植物配置要与山水、建筑、园路等自然和人工环境相协调；要把握基调，注意细部。处理好统一与变化、空间开敞与郁闭、功能与景观的关系，如图 5-15、图 5-16 所示。

6）管理区的设计上应有对园内外专用出入口，不应暴露在风景游览的主要视线上。

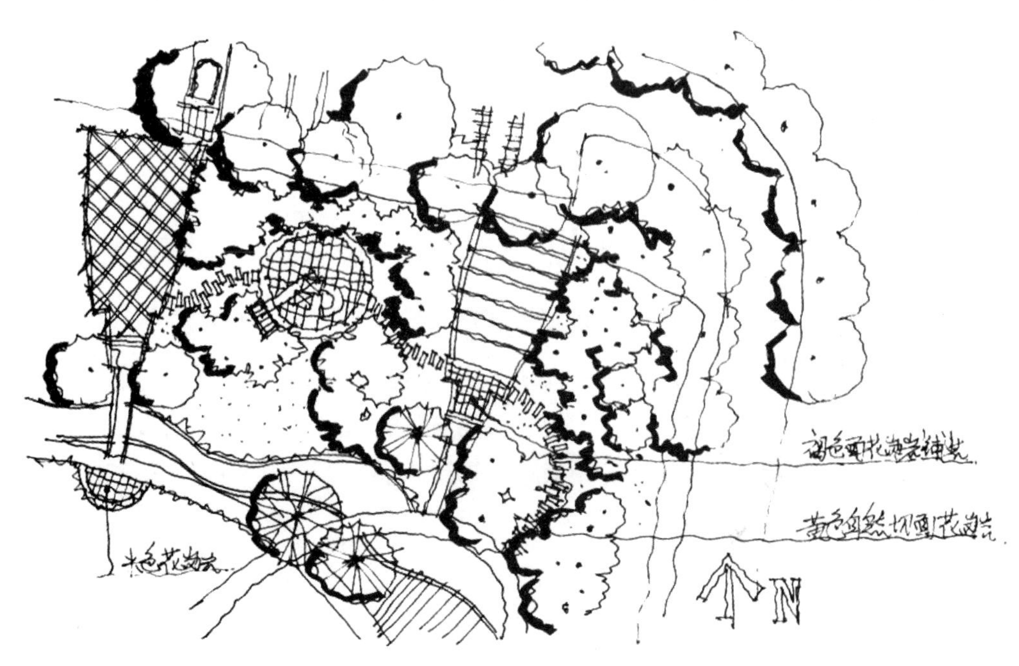

图 5-15　植物搭配平面图一

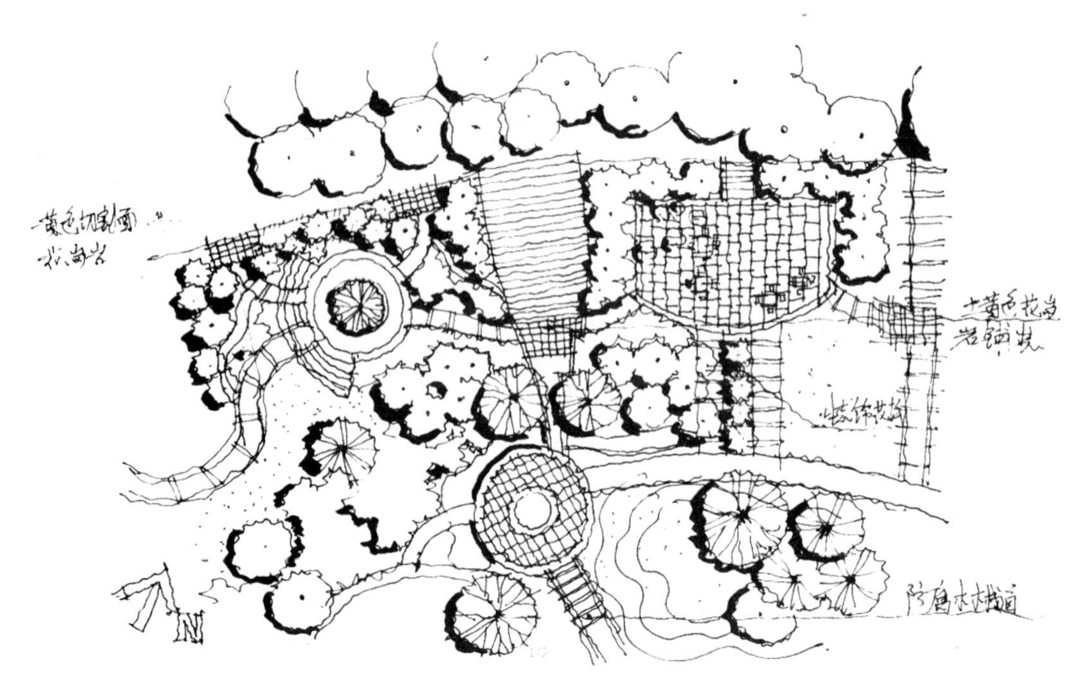

图 5-16　植物搭配平面图二

（2）专类公园

专类公园是指具体特定内容或形式，有一定游憩设施的绿地。包括儿童公园、动物园、植物园、历史名园、风景名胜公园、游乐公园、其他专类公园等。

1）儿童公园

儿童公园是专为儿童所设立的互动性城市绿地，也是儿童这个庞大群体成长中不可缺少的特殊空间，同时其具备强身健体、提高智力等功能。儿童公园可以分为综合性儿童公园、特色性儿童公园、一般性儿童公园(图 5-17)。

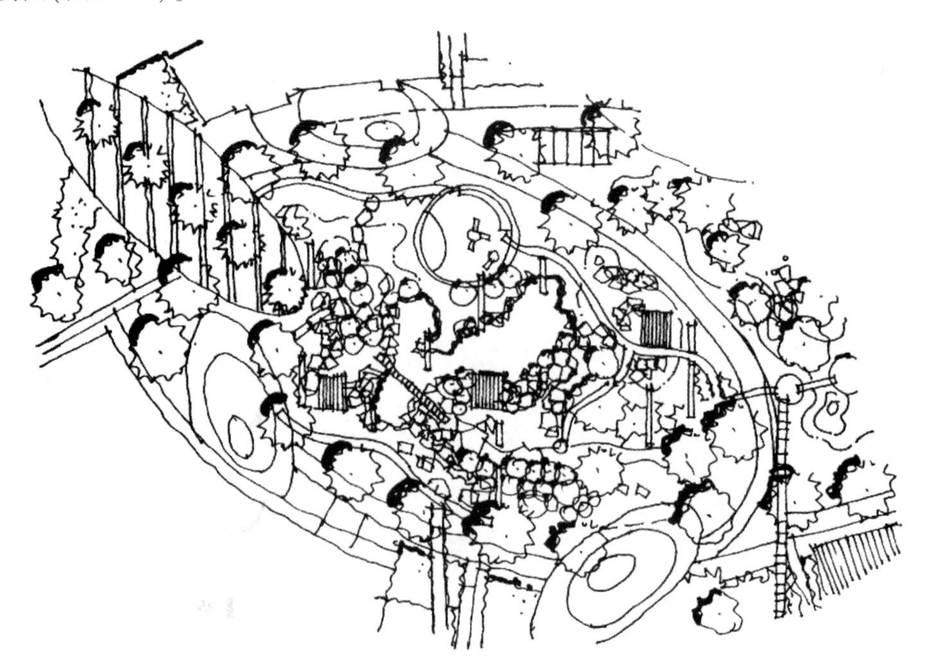

图 5-17　儿童公园平面图一

儿童公园在景观设计上需要注意以下几点：

① 选址方面。儿童公园的选址一般位于居民区周边，或交通便利但车流量不大的城市干道。场地通风、日照、排水情况良好，主次道路系统清晰明确。

② 儿童公园分区一般可分为幼儿活动区、学龄儿童活动区、体育运动活动区、科普文化区以及自然景观区(图 5-18)。

③ 儿童公园的活动区中，针对不同年龄的儿童配置不同的设施，一般如秋千、滑梯、攀登架等。体育运动区可设置各种球类活动场和相关器械(图 5-19)。

④ 幼儿活动区不宜设置在公园的入口附近。

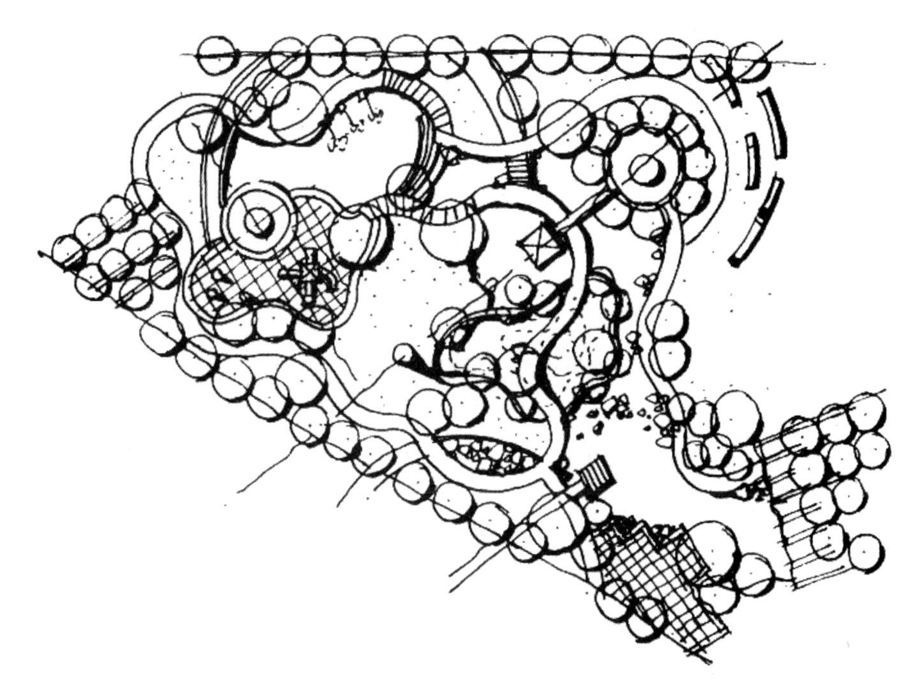

图 5-18　儿童公园平面图二

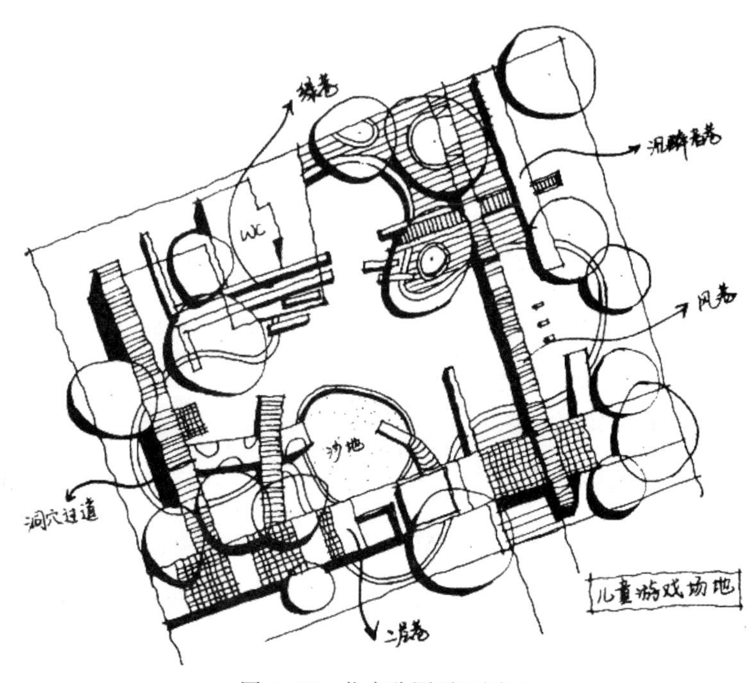

图 5-19　儿童公园平面图三

2）动物园

动物园是供城市中广大的市民和学生进行参观、游憩的景观空间，是具有科普动物知识、宣传相关文化功能的场所。动物园可以分为综合动物园与专类动物园。

动物园在景观设计上需要注意以下几点：

① 动物园的平面设计从功能上可以大致分为科普区、动物展览区、服务休息区、经营管理区。

② 动物展览区应有足够大的动物笼舍面积空间；不同的区域之间有足够的距离，园内有一定面积的绿地以及足够游览人群休息和活动的区块和景观设施。

③ 管理区和后勤部分应设置独立的出入口。

3）植物园

植物园是城市公园绿地的重要组成部分之一，园内种植栽培着大量的自然植物。植物园相较综合类公园的植物从种类上来说更为丰富，除了基本的游览功能之外，还具有科学研究、普及教育的作用。植物园可分为综合类植物园和专项植物园(图 5-20)。

图 5-20　植物园一角手绘效果图

植物园在景观设计上需要注意以下几点：

① 植物园在我国，一般综合性植物园面积在 40hm^2 以上。功能上分为展览区、教育区、科研实验区、苗圃区和管理区。

② 展览区应占总园面积中的 40%~60%，注意游客观赏路线的交通流线设置需合理。

③ 教育区设立相应的场馆，如标本馆、报告厅等。

④ 实验苗圃区设立温室、研究室等空间，需要注意与游客游览路线的区分，设置相关的出入口。

4）游乐公园

游乐公园相较于其他的专类公园主要突出其游乐的功能特征，园内具有大量的游乐设施，一般空间区域面积较大，生态环境较好且占有一定比例的绿化(图 5-21、图 5-22)。游乐公园内适合的设施与活动内容主要有三类：

① 现有主题游乐园所具备的游乐设施，例如机械游乐、特定的主题游乐建筑与构筑物等；

② 具有表演、科普等功能的娱乐建筑或场所，例如展览馆、水族馆等；

③ 与绿化环境结合得较好的休闲活动设施，例如攀岩、彩弹射击等。

游乐公园在景观设计上需要注意：为保证游乐公园的环境品质和整体水平，其绿化占地比例应不小于 65%。

图 5-21　游乐公园入口处手绘效果图

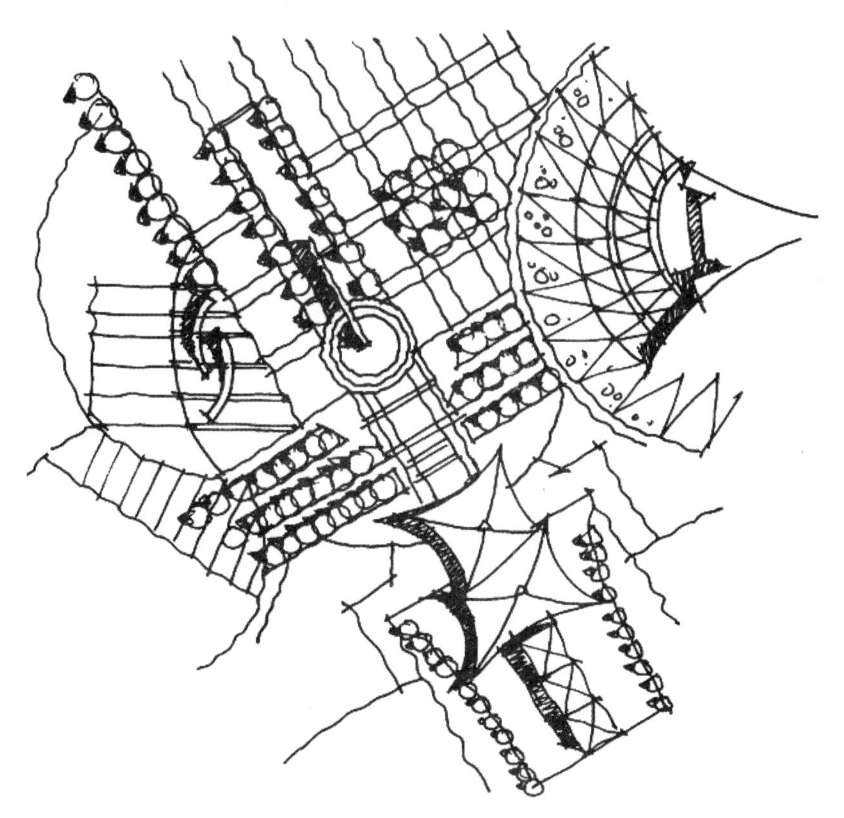

图 5-22　游乐公园入口处平面图

5）历史名园

历史名园的主要功能是进行植物科学研究，为市民提供观赏、游憩及开展科普活动的绿地，较为典型的历史名园，例如南京市的中山陵。从景观设计分类的层面可以划分为革命活动故址、烈士陵园、名人故居、墓地等为中心的景观绿地。历史名园在设计上，既强调其纪念性和教育性，同时具有一定的休憩游览功能(图 5-23)。

图 5-23　历史名园入口立面图

6）风景名胜公园

风景名胜公园一般位于城市建设用地范围内，以文物古迹、风景名胜点(区)为主形成的具有城市公园功能的绿地，例如西安市大明宫国家遗址公园。在对其景观设计上，保护原有景观特征和地方特色，体现人文主题性，不破坏生态系统的完整性(图 5-24~图 5-26)。

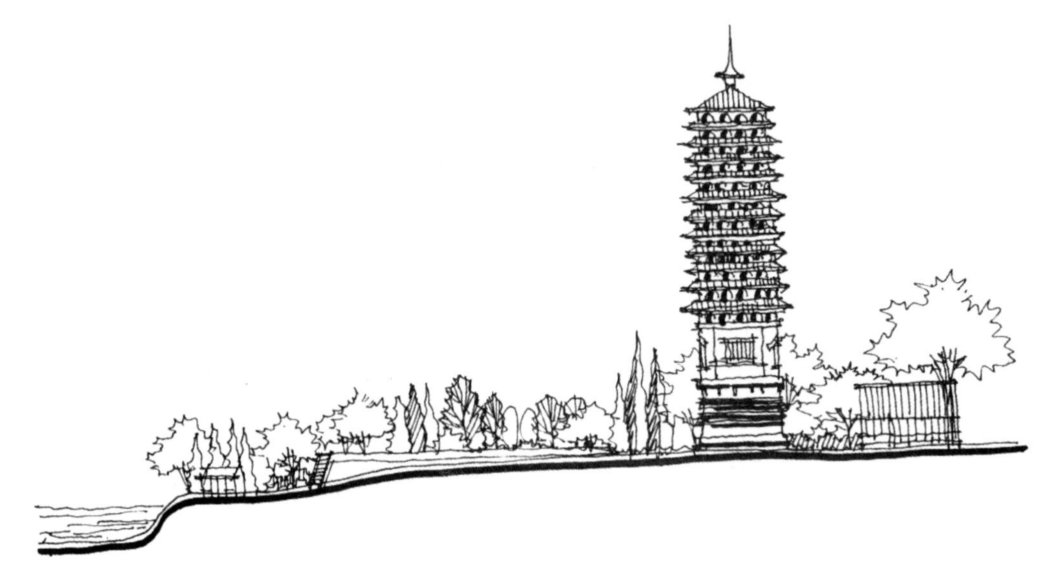

图 5-24　风景名胜公园沿河景观立面图

图 5-25　风景名胜公园水面景观立面图

图 5-26　风景名胜公园一角效果图

(3) 社区公园

社区公园属于城市公园的一个分支，它的主要任务是将社区中的人、活动在适合的时间和空间里进行集中，引导居民进行户外活动，营造一个良好的休闲和交流的空间，供城市内居民使用(图 5-27)。

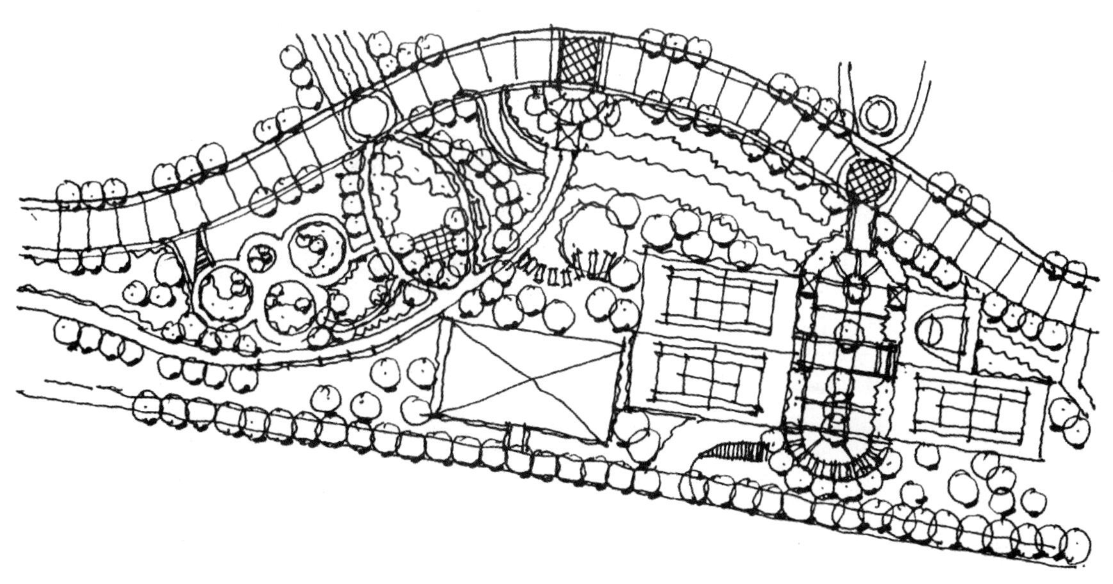

图 5-27　社区公园

1) 社区公园的景观设计首先以服务居民为设计目标，形成有利于社区居民活动、交往、休憩和娱乐的景观环境；考虑老年人及儿童的需要，可以根据场地面积配置相应的设施，采用无障碍设计，为老幼残疾等特殊群体提供一定的活动便利。

2）在对场地进行设计时，结合现有的地形条件、注重与周边建筑、居住区环境的关系，保证与周边环境的协调性，与城市景观环境和谐共生，融为一体。

3）提高绿化的建设，考虑植物造景的层次与色彩关系。运用规则与自然相结合，灌木、乔木相搭配的种植方式。

4）可提取具有地方特色、文化内涵的要素，提炼设计元素；广场可内搭配文化景观、传统文化教育、美德教育等景观小品。

（4）带状公园

带状公园是指沿城市道路、城墙、水滨等环境展开呈线性分布、具有一定游憩设施的狭长形绿带。带状公园作为绿地系统中较具特色的构成形式，其承担着城市生态廊道的职能，是城市公园绿地系统中较为特色的重要组成部分。此类公园有很强的导向性，考虑到人在运动时的视觉变化，所以设计时既要保证空间的连续性，又要富有变化。

带状公园设计要点：

1）带状公园一般呈狭长形，公园整体景观设计以绿化为主，注重种植设计；园内建筑小品不宜过多，辅以简单的游憩设施即可。

2）由于受到受周边空间影响，宽度由空间条件决定，但最窄处应能满足人的正常通行。

3）带状公园在空间感的营造和道路组织上易出现单调感，在设计时应注重把握景观空间序列的节奏感(图 5-28、图 5-29)。

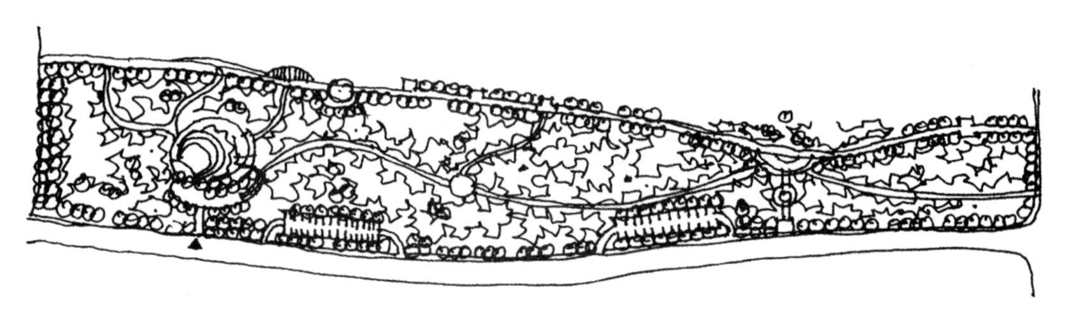

图 5-28　带状公园

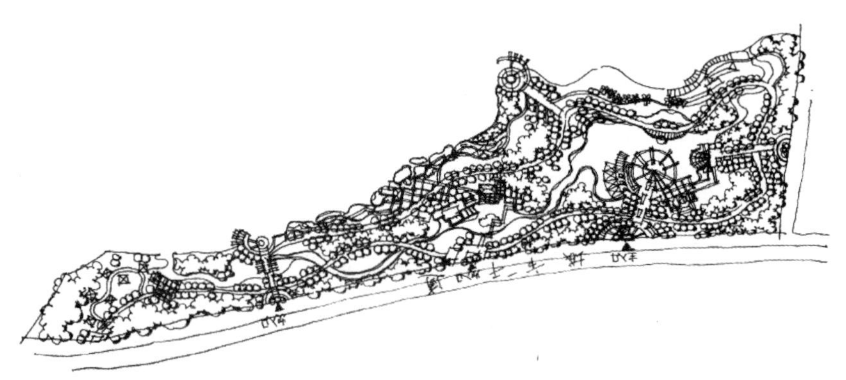

图 5-29　带状公园

（5）街旁绿地

街旁绿地是指紧贴城市道路用地设置，并相对独立成片的绿地空间。范围分类可分为街道广场绿地和小型沿街绿化用地两类。

街旁绿地设计要点：街旁绿地受规模限制，其景观设计应做到小而精，通常以园林植物为主，要求绿化占地比例不小于 65%，为保持景观的连续性，可用植物元素进行空间限定，给人提供必要的交流空间(图 5-30)。

图 5-30　街旁绿地一角

5.2　广场景观空间绘制解析

5.2.1　广场的功能分区

广场一般位于城市文化区域的核心部位，经过铺装并与建筑围合，有街道环绕或与其相连通，具有人员密集、聚集性较高的特性。城市广场体系是城市重要的组成部分，是城市开放空间的典型代表，具有最大的开敞性，我们常常称为“城市客厅”。城市广场的类型包括市政广场、交通广场、文化广场、纪念性广场、商业广场、休闲及娱乐广场等，不同类型的广场具有不同的设计原则和要求。在具体形式上，广场以建筑、道路、山水、地形等围合，用多种软、硬质景观构成，主要采用步行的交通手段，具有一定的主题思想和规模，是城市户外公共活动空间的节点。进行广场景观空间的绘制，关键是确定广场的性质与要求，分析场地的限制与优势，进而按照一定的构思和立意，将广场主要出入口、流线、设施统一在这一构思之下，并按照一定尺度进行深入刻画。同时，由于广场总是和许多街道、建筑、绿地相连，因而也要考虑其与这些景观的关系，使之成为整体(图 5-31)。

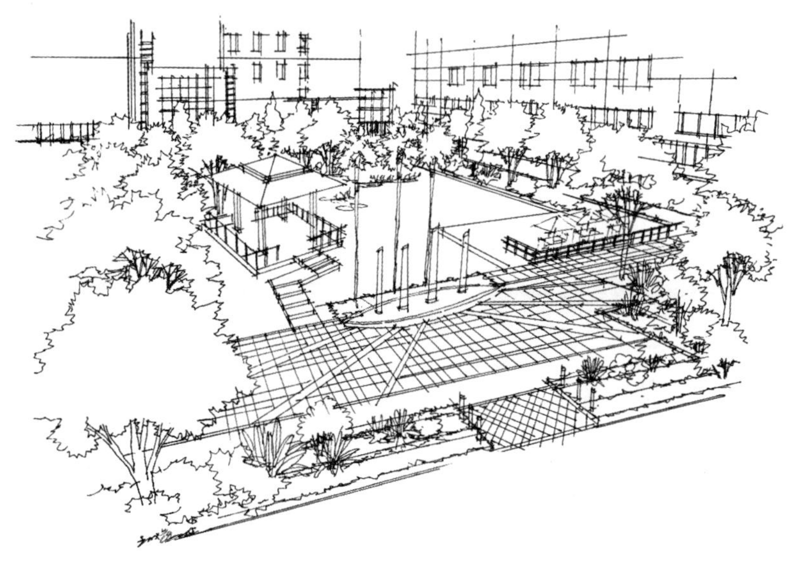

图 5-31　城市广场手绘鸟瞰图

广场具有人流集散、停车、休闲健身、娱乐聚会等多种功能，这些功能之间既有联系，又存在相互排斥的情况，所以应当对其进行一定分区，同时又要通过道路、景观视线、水体等景观要素让各功能区之间联系便捷，成为整体。可利用自然水系划分广场的功能空间，通过建筑与街道的围合形成景观视廊，一些视觉焦点往往可以吸引更多的人流。广场的各个功能分区可满足多样的使用需求。同时，功能分区要考虑与景观轴线形成对应关系，共同控制广场的整体布局。

5.2.2 广场的尺度把握

各种广场的性质、环境、功能不同，具体采取何种尺度存在众多见解。芦原义信在《外部空间设计》一书中认为室外空间尺度应当以 25m 为基准，而杨·盖尔则认为最大尺度为 70～100m，因为这是能够看清事物的最大距离。具体采取何种尺度，实际上受到很多因素的制约，当然，对于同样尺度的广场，也会由于设计不同而导致与实际感受相差甚远，如图 5-32 所示。

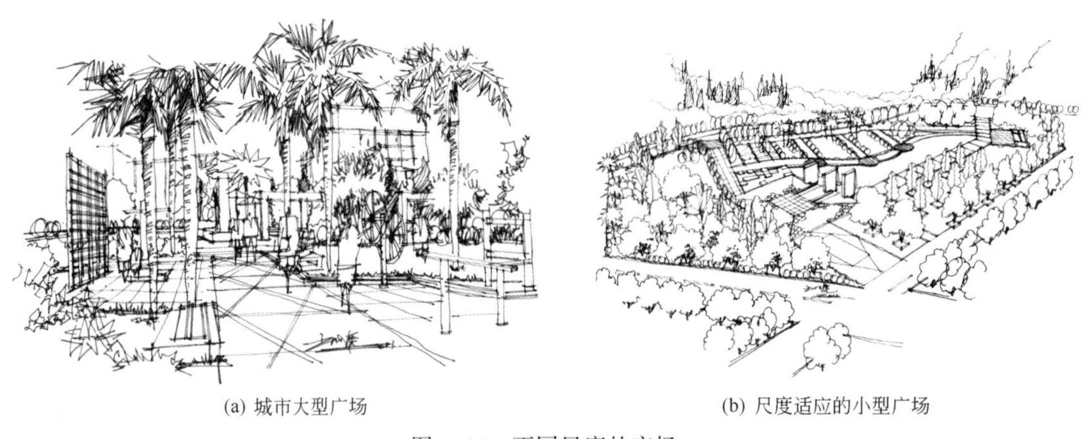

(a) 城市大型广场　　(b) 尺度适应的小型广场

图 5-32　不同尺度的广场

广场尺度过大、缺乏围合及分区不明确，会导致广场成为非人性景观，导致人在广场中感觉到自己渺小，这是目前广场设计存在的普遍问题。一些尺度宜人的城市广场通过草地、坐凳与植物将城市广场的空间分隔成为多个休息场所，赋予了城市广场人性化的尺度。

5.2.3 广场的出入口设计

要让使用者有很好的体验，最有效的方法就是对重要的景观节点进行塑造，包括主要出入口、标志和重要的场所。同时通过适当的流线将这些节点连接，使各种景观在整体布局中既分布合理、相互区分，同时又联系便捷，形成序列，如图 5-33 所示。

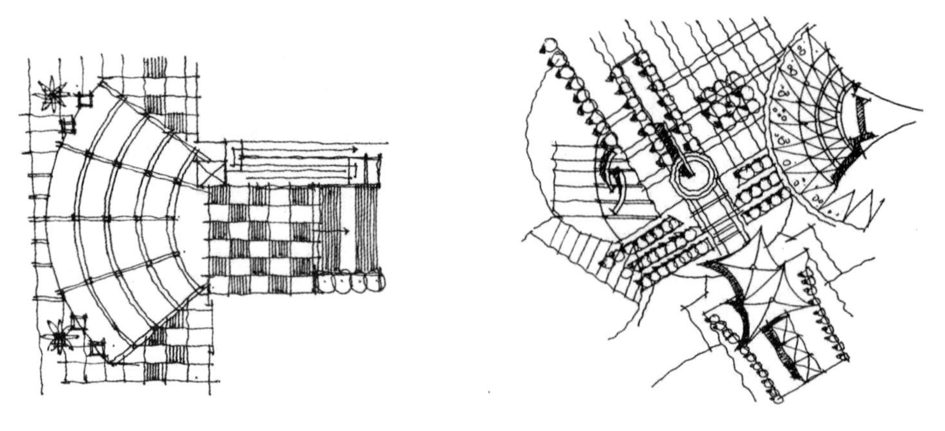

图 5-33　不同的广场入口设计

广场服务于市民生活，其出入口设计的主要目的是为了人们能够更方便地使用。例如欧洲某城市的广场出入口结合了水体进行设计，大台阶可以很方便地给人休憩，平台上可以眺望水景，而远处的弧形建筑正好成为进入广场的对景(图 5-34)。大多数公园的入口广场需要满足停车、人流集散、景观视觉等多种功能，如果能够结合地形进行设计，就会事半功倍。可利用地形高低变化设置台阶、树木、草地。

图 5-34　广场入口处手绘效果图

5.2.4　广场的道路设计

广场各个功能区间之间一般以步行道路相连，利用地面材质变化、树木的围合，将停车、步行等结合，使其充满趣味。城市广场中，道路的空间尺度与设计元素直接影响广场的舒适度。植物围合空间显得自然安静，同时结合开花小乔木，可以打造四季不同的道路景观，如图 5-35 所示。

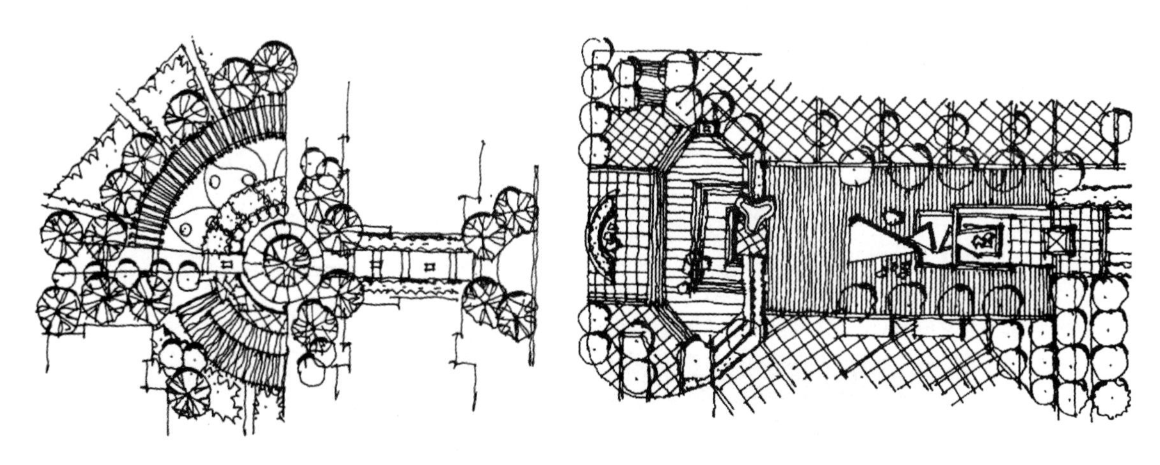

图 5-35　广场道路设计

5.2.5　广场的铺装设计

铺装不仅为人们提供活动的场所，而且对广场空间的构成有重要作用。广场的铺装设计具有统一协调空间、分隔空间和增添空间艺术性等作用。不同性质的广场空间可通过对铺装的形状、色彩、尺度、质感等要素的处理表达其特性。广场铺地作为广场内的硬质景观要素一般以简介构图为主，在一定的景观节点可以以一到两种铺装材料为主体，绘制时注意整体性的把控。

根据广场表达的细致程度，铺装在处理上也可有简单或细致之分。简单表达可用颜色整体平涂或渐变，中间加以明暗表现即可，较细致的铺装表达可体现出铺装的具体形式，如方格子交错不同色块，如图 5-36 所示。

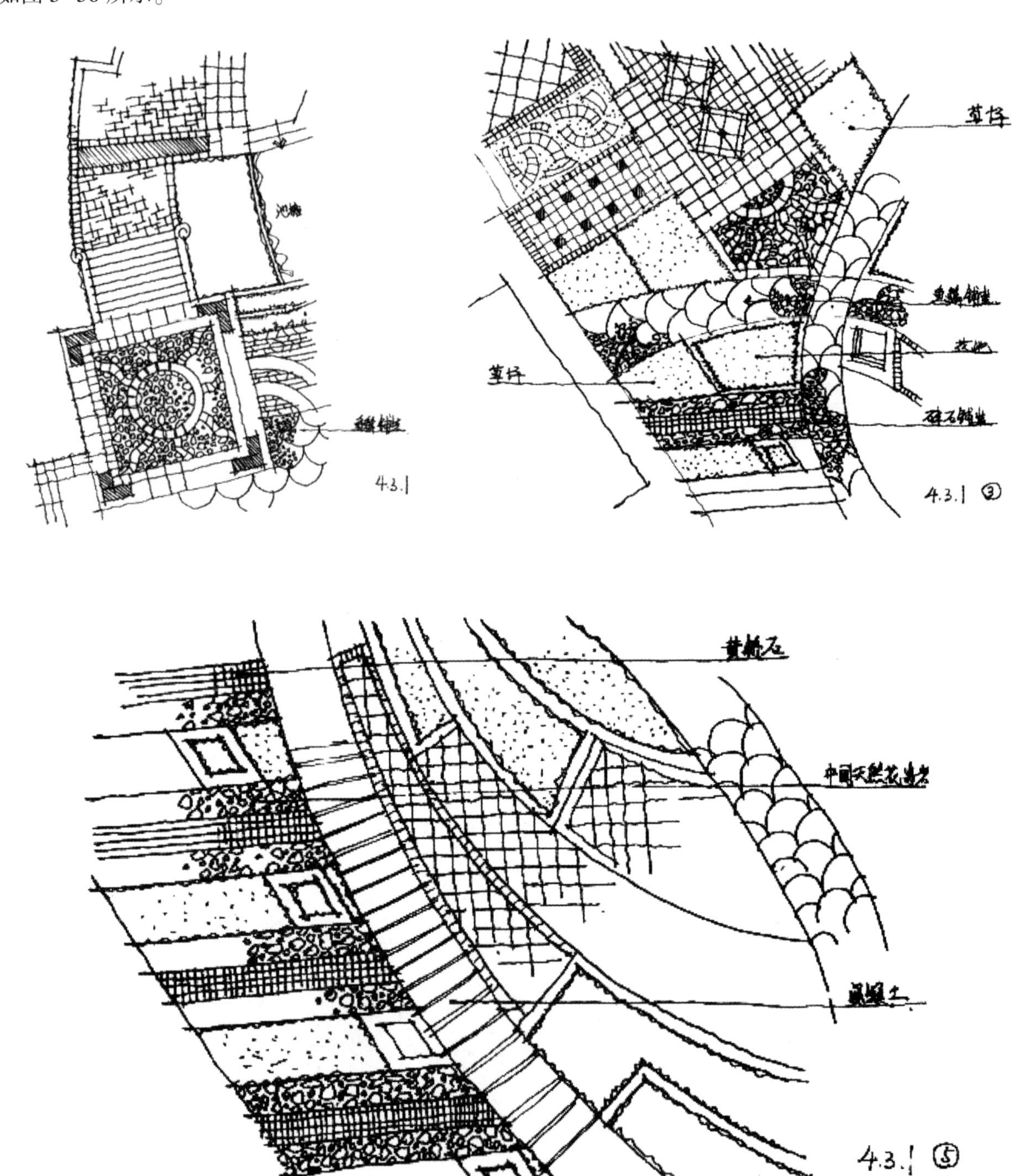

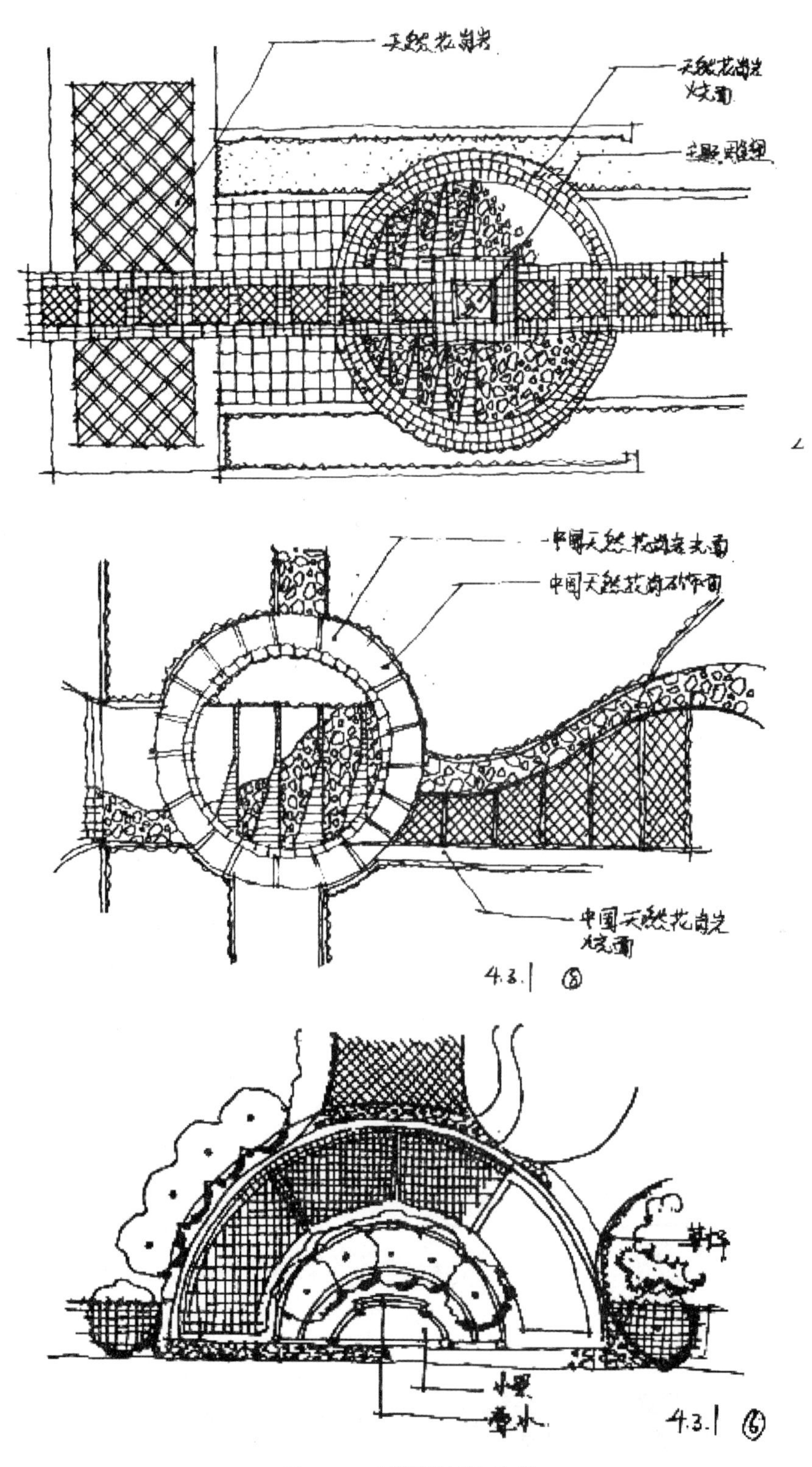

图 5-36　不同的铺装处理

5.2.6　广场的标志性设计

一口水井、一颗百年老树，往往成为集体的共同记忆，在广场中设立雕塑、高耸的构筑物等标志能够画龙点睛，形成集体意识。雕塑可以采用鲜艳的色彩，并利用曲线和直线组成独特的造型，打造醒目的效果，使其成为广场中心标志，同时加强广场的艺术性和品味，如图 5-37 所示。

图 5-37　广场主题雕塑

5. 2. 7　各类型广场设计及空间特点

绘制广场景观空间时应注意不论哪种类别的广场，其性质都是相对的，每一类广场都或多或少具备其他类型广场的某些功能，即使是同一个广场，在不同时段其性质也可能发生变化。

不同类型的广场其尺度、形态、设施和铺装等都会有所不同，所以拿到设计任务书的第一步就是弄清广场的性质。这说起来简单，但深入思考就会发现其复杂性。一方面是因为广场本身在发展和变化，单一功能逐步被各种复合功能所替代，例如火车站广场就逐步从单一的交通集散功能向综合商业、服务发展；另一方面是城市化的内容，有的城市广场还要和轨道交通、地下空间开发、绿地系统统一起来考虑。

（1）纪念性广场

纪念性广场往往是典型的行政景观，一般强调对称和轴线的构图，并有较大面积的硬质铺装以适合于举行大规模集会活动。纪念性广场主要以纪念人物或事件为主要目的的广场，广场的中心区域一般设置纪念碑、人物纪念雕塑、纪念物或纪念性建筑为主要景观标志物，常位于广场的中心轴线上(图 5-38)。

图 5-38　纪念性广场

纪念性广场景观空间营造一种宁静、庄重、严肃的空间氛围，应远离娱乐区和商业区，整体布局形式、建筑、构筑物、绿化等应相互呼应，保持统一。

（2）市政广场

市政广场一般位于城市的中心地带，通常是政府、城市行政中心。主要用于政治文化集会、游行、庆典、检阅、礼仪和传统民间节日活动等等，例如各地的政府广场、北京天安门广场等。市政广场的设计在面积的安排上通常较大，为方便大量的人群在广场空间中活动，地面铺装多以硬质材质为主；广场在布局上需要注意不要过多布置娱乐性建筑及设施(图 5-39)。

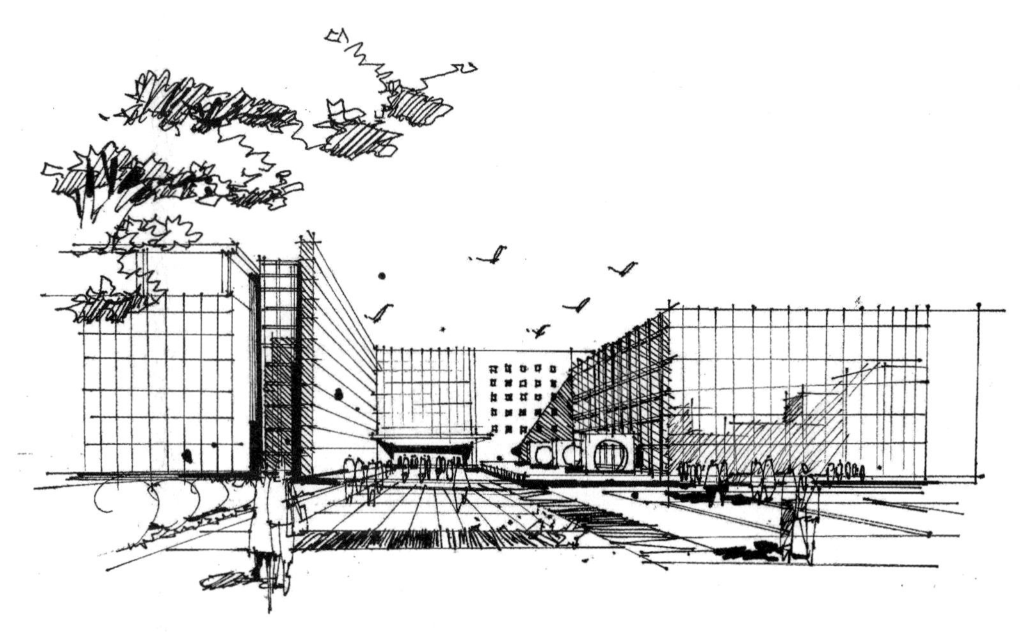

图 5-39　市政广场

（3）商业广场

商业广场是用于集市贸易和购物的广场，在商业中心区以室内外结合的方式把室内商场和露天、半露天市场结合在一起。商业广场大多数采用步行街的布置方式，以步行为主要交通方式，使商业活动区集中；用多种软、硬质景观构成，广场中适合设置各种城市公共小品和娱乐设施(图 5-40)。

图 5-40　商业广场一角

（4）交通广场

交通广场又称为交通集散广场，是城市中交通的连接枢纽，起到交通、集散、联系、过渡和停车的作用，并且具有合理的交通组织。交通广场一般可以划分为两种类型，一类是城市交通内外会合处，如汽车站、火车站前广场；另一类主要分布于城市干道交叉口处，即环岛交通广场。交通集散广场在设计上应满足畅通无阻、联系方便的需求，有足够的空间和面积承载车流和人流，能够起到分隔车流和人流的作用；同时遵循安全需要(图 5-41)。

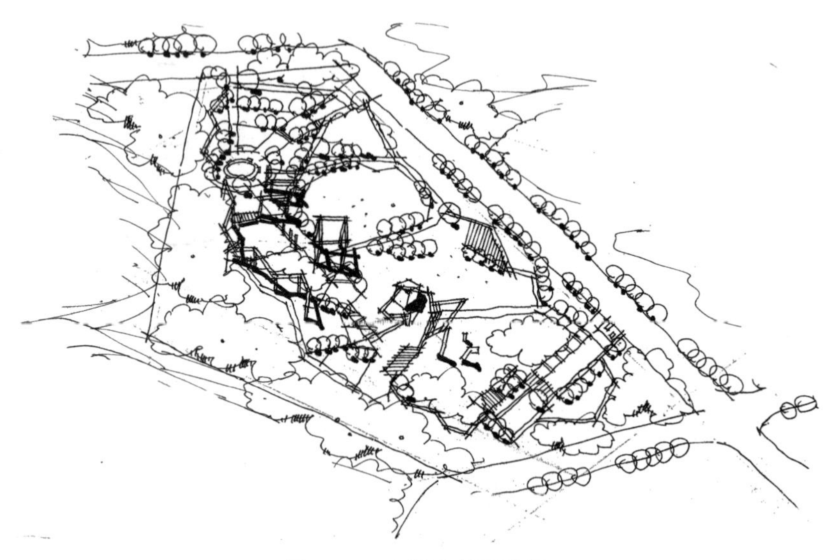

图 5-41　交通广场鸟瞰图

（5）文化广场

文化广场即含有较多文化内涵为主要建筑特色的较大型场地，在城市区域开辟为市民提供休闲娱乐的公共空间与文化活动的场所。文化广场亦属于市民广场，是市民广场中体现更多文化特征的广场。其中有更多文化内涵的市民广场被称为文化广场。在设计时，可设置水池、喷泉、花坛以及有一定文化意义的景观雕塑小品供人们欣赏，如图 5-42~图 5-44 所示。同时可以利用地面铺装材料限定空间，增加空间的可识别性，强化衬托广场的文化主题和内涵。

图 5-42　文化广场鸟瞰图

图 5-43 文化广场内部空间展示

图 5-44 文化广场特色小品展示

（6）休闲及娱乐广场

休闲及娱乐广场是城市为人们提供游玩、休憩以及举行多种娱乐活动的空间场所。在设计的时候需要注意建筑围合空间的领域感，广场的出入口通常设置在人员较为密集的地带，便于市民使用。广场的布局形式较为灵活，面积可大可小；可通过不同材质、图案的铺装材料，对广场内空间进行围合划分，加强广场的图底关系。景观小品，如座椅、雕塑、垃圾桶、指示牌等应与广场内整体色调和谐统一，避免色彩杂乱无章，如图 5-45～图 5-47 所示。

图 5-45　休闲及娱乐广场中心景观区

图 5-46　休闲及娱乐广场特色景观展示区

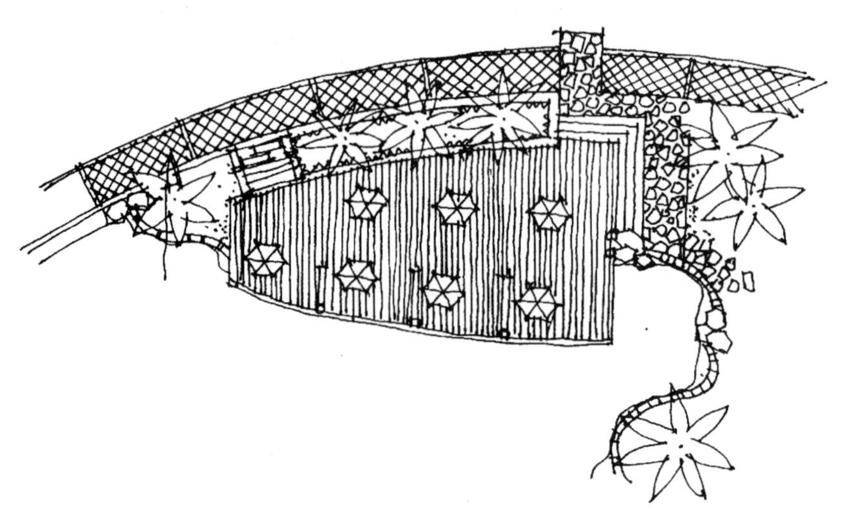

图 5-47　广场便民设施

(7) 宗教广场

宗教广场通常布置在宗教建筑前，有时与商业广场结合在一起，其主要用于举行宗教各类活动，如庆典、集会、游行等，同时具有休息的功能。宗教广场在景观设计上应满足宗教活动所需，营造宗教文化氛围，通常布局采用中轴线对称的形式，广场上设置供宗教礼仪、祭祀、布道所用的相关空间，如平台、台阶或敞廊。

5.3 居住区景观空间绘制解析

5.3.1 居住区的基本组成

居住区景观是居民生活和活动的场所，主要通过绿化、景观小品、公共设施吸引住户居住与生活休闲。居住区是人们集中居住的空间环境，包括了空间结构、道路、建筑布局、绿化等方面的内容。居住区景观空间的设计除了具备满足人们生活、活动所需的环境功能之外，同时也应能够满足人们的心理需求和陶冶情操等精神层面的需求。在设计时遵循“以人为本”的景观设计原则，创造舒适、宜人、亲近的景观空间。

(1) 城市居住区

一般称居住区，泛指不同人口规模的居住生活聚居地，特指被城市干道或自然分界线所重合，并与居住人口规模(10000~15000户，30000~50000人)相对应，配建有一整套较为完善的、能满足该区居民物质与文化生活所需的公共服务设施的居住生活聚居地。

(2) 居住小区

一般称小区，是被居住区级道路或自然分界线所围合，并与居住人口规模(2000~3500户，7000~15000人)相对应，配建有一套能满足该区居民基本的物质与文化生活所需的公共服务设施的居住生活聚居地。

(3) 居住组合

一般称组团，指一般被小区道路分隔，并与居住人口规模(300~800户，1000~3000人)相对应，配建有居民所需的基层公共服务设施的居住生活聚居地。

5.3.2 居住区的绿化设计

绿化是居住区景观的基本构成元素。居住区景观包括了公共绿地、道路绿化、宅前绿地和公共设施附属绿地等。其中公共绿地包括居住区公园(居住区级)、小游园(小区级)和组团绿地(组团级)，以及儿童游戏场和其他的带状、块状的公共绿地(表5-2)。

表5-2 居住区各级中心公共绿地设置规定

中心绿地名称	设置内容	要求	最小规范/hm^2	最大服务半径/m
居住区公园	花木草坪，花坛水面，凉亭雕塑，小卖部，茶座，老幼设施，停车场和铺装地面等	国内布局应有明确的功能分区和清晰的游览线路	1.0	800~1000
小游园	花木草坪，花坛水面，雕塑，儿童设施和铺装地面等	国内布局应有一定的功能划分	0.4	400~500
组团绿地	花木草坪，桌椅，简易儿童设施等	可灵活布置	0.04	100
其他的带状、块状公共绿地	—	—	宽度≥8m 面积≥400m^2	—

(1) 居住区景观设计的绿化标准

居住区公共绿地的总指标应根据居住人口规模分别达到：组团 0.5m²/人；其他带状、块状公共绿地宽度不小于 8m，面积不小于 400m²；绿地率新区不低于 30%，旧区不低于 25%。

(2) 绿化景观组织的主要方法

住区植物配置应选用乡土化、生态化的树种，植物不仅是造景的素材，也是观景的要素。绿化景观设计需要注意植物的组合与搭配，植物即是观赏素材也是生态造景的素材，植物配置选用草类地被植物，点缀具有观赏功能的高大乔木、球状灌木和色彩鲜艳的花卉组合，营造高低错落、疏密有致的景观生态环境，如图 5-48、图 5-49 所示。

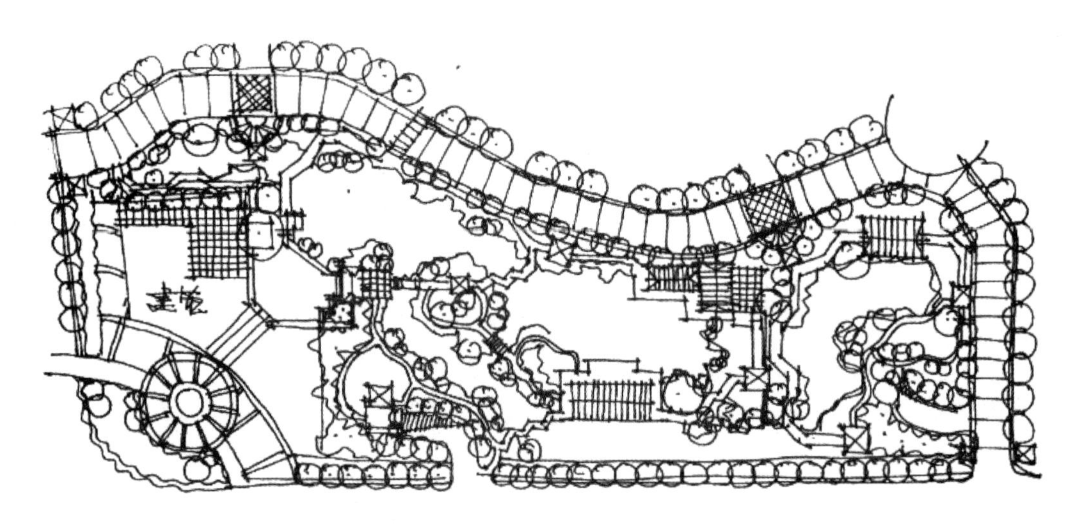

图 5-48　居住区景观绿化设计一

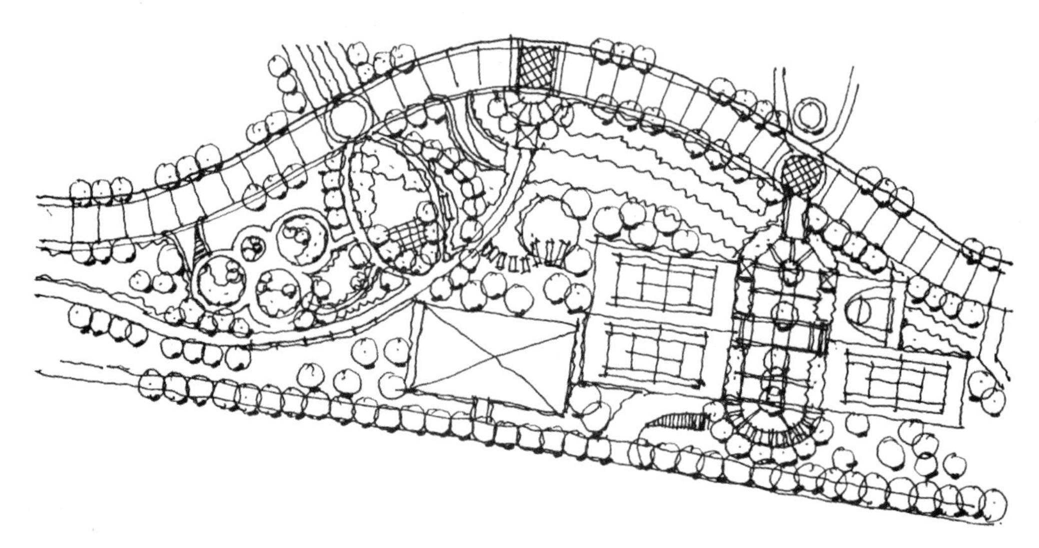

图 5-49　居住区景观绿化设计二

5.3.3　居住区的道路设计

道路是居住区景观构成的框架，除了疏导空间内的交通，同时也起到组织空间结构的功能。在道路设计上交通应合理，从使用功能的角度来划分，一般可分为居住区道路、小区道路、组团道路和宅间路。

(1) 居住区道路

一个居住区通常有几个居住小区或者组团构成。居住区级道路是整个居住区的主要道路，解决居住区中内外交通的问题，并联系各个居住小区或组团。在道路交叉口及拐弯处的树木不应影响行驶车辆的视距。行道树要考虑行人的遮阴并不妨碍车辆交通，车行道不应小于 9m，道路红线宽度一般为 20～30m。

（2）居住小区级道路

小区级道路是居住区中的次要道路。主要用于划分小区内部交通，联系小区内的住宅、公共建筑和绿地。在设计时，车行道的宽度应为 5～8m，能够允许两辆机动车对开通行；人行道宽度为 1.5～2m 较为合适，道路红线宽为 10～14m。

（3）居住组团级道路

组团级道路是连接小区级道路和宅间路的道路，是小区内的支路。主要通行居住小区内部的管理车辆、非机动车与行人。车行道宽度一般为 5～7m。

（4）宅间路

宅间路是居住区道路系统中的第四级，是居住区中的支路，目的用于连接小区级道路和宅前路。道路宽度一般为 4～6m 即可，主要通行非机动车和行人。

5.3.4　居住区出入口设计

居住区内绿地作为距离居民最近，使用频率最高的园林绿地，其入口的表达更加强调标示性，展示其独一无二的特征。居住区景观设计可以按照区位划分为入口景观轴线、中心景观轴线、次要景观节点以及宅间绿化等。入口景观轴线一般与中景观轴线衔接，部分也会跟宅间绿化连接。居住区入口景观起着连接居民区和城市道路的作用(图 5-50～图 5-53)。

图 5-50　居住区道路效果图

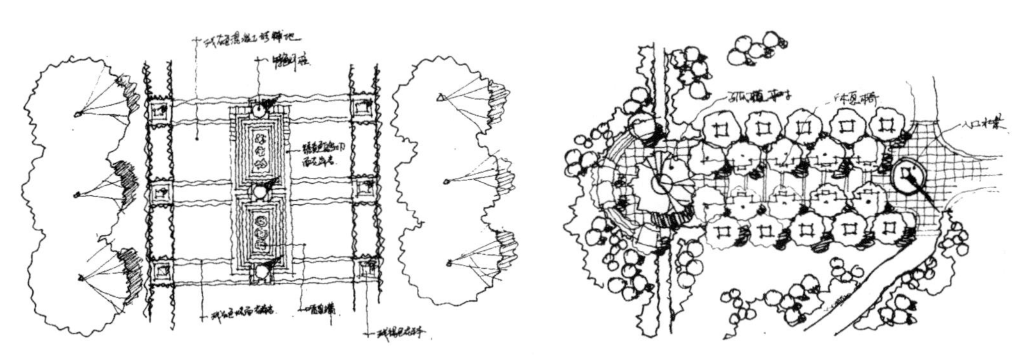

图 5-51　居住区入口设计

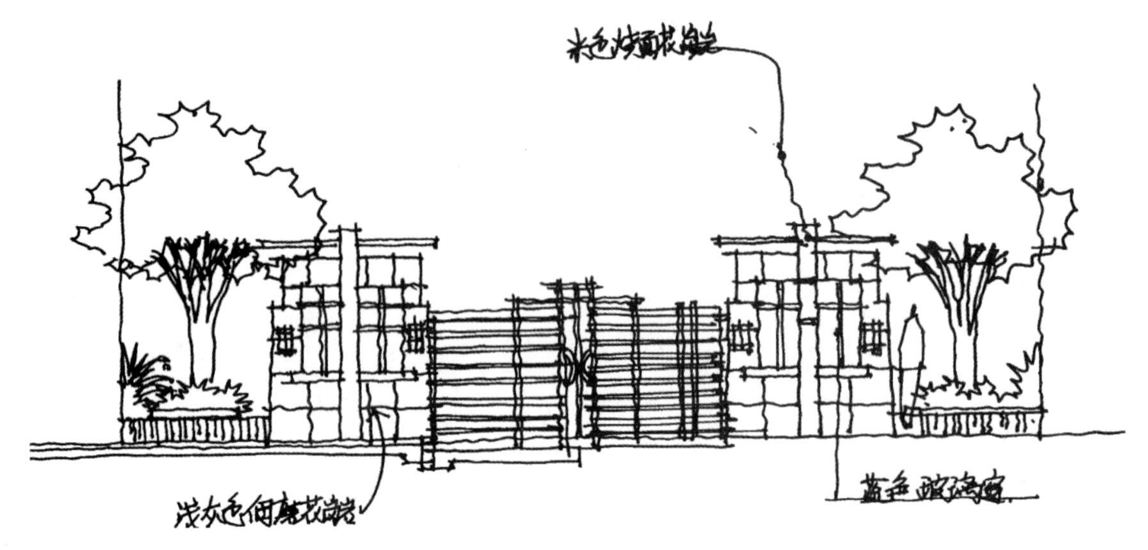

图 5-52　居住区入口景观立面图一

图 5-53　居住区入口景观立面图二

在平面表达上，一般遵循主入口重，次入口轻的原则。针对场地，分析其周边环境、街道与建筑的位置关系、公共活动场所等，确定入口的基本形式，可采用对称式、非对称式等。入口设计的宽度要求：入口有大小主次之分，具体宽度由功能需要决定。

(1) 小入口

小入口主要供人流出入用，一般供 1~3 股人流通行即可，有时需要能让自行车、小推车出入，其宽度由此二因素确定：单股人流宽度 0.6~0.65m；双股人流宽度 1.2~1.3m；三股人流宽度 1.8~1.9m；自行车推行宽度 1.2m 左右；小推车推行宽度 1.2m 左右。

(2) 大入口

大入口除供大量游人出入外，在必要的情况下，还需供车流进出，故应以车流所需宽度为主要依据。一般需考虑出入两方向车行的宽度，约 7~8m 宽。

5.3.5　居住区的铺地及小品设计

(1) 铺地

在居住区中铺地材料中车行道一般以沥青、混凝土等耐压材质为主；宅间路可选用卵石、石板等自然类的铺装材料；还有广场砖、木材等也是居住区景观中常见的铺地材料。不同的功能区根据需求，遵循形式美法则选用不同的铺地材料，通过材质、颜色、肌理等要素营造美观的路面和场地景观。

(2) 景观小品

在居住区景观空间中，精美的景观小品设计往往成为画面中的视觉焦点，包括雕塑小品、园艺小品和设施小品等。在设计的时候需要注意整体性，景观小品的造型、色彩、风格需与居住区环境相协调，尺寸合理且具有一定的美感(图 5-54)。

图 5-54　居住区景观小品

第6章

设计方案综合表达

6.1 景观手绘快题的作用和认识

快题设计指的是在短时间内组织安排景观设计的各项内容，提出一套设计方案并完成设计图纸的绘制。快题设计对于景观设计专业的学生来说，是专业训练的主要内容之一，也是目前研究生等相关升学考试考察的主要项目。快题设计具有广泛的适用性，它能够体现设计师的专业知识，能够帮助设计师在实际工作中快速进行方案的意向表达、绘制和沟通；其次快题设计也是检验设计师专业能力和素养的有效途径之一。

快题设计的完成，需要具备景观设计方面的专业知识，能够在有限的时间内对设计题目快速进行把握，提出具有可行性的设计思路和方案；同时，要有一定的手绘表现能力，将设计构思以较好的效果呈现于画面之上。

（1）设计时间短

快题设计时间紧迫，比如说要求在3h、6h或8h完成，以研究生入学考试为例，现在多数高校要求的快题考试时间是在3h或6h内完成。为了达到快速完成的目的就要求整个设计与绘图的各个环节都要加快速度。首先，要快速理解题意、分析设计要求、理清设计的内外矛盾；其次，充分运用平时的积累，尽快找到建立方案框架的切入点，快速构思立意、推敲方案、完善方案，直至快速地用图示表达出来。

（2）图面表达简练

快题设计的成果只要求抓住影响设计方案全局性的大问题，如功能分区安排、景观轴线布置、景观园路设置等等，要注重其整体形式感，不拘泥于设计方案的细枝末节。

（3）设计思维敏捷

由于快题设计时间短、速度快，所以在考试现场想出一个完美的方案对每位考生而言都是比较困难的。因此需要在平时的快题训练中进行积累，在积累时理解设计方法，总结图形变换规律，例如图形的大小、多少、方向以及组合关系(相交、相离、相切)等方式，这样不仅可以积累节点还能训练自己对图案形式的把握能力，从而在考场上能够根据要求随机应变，并快速地做出设计方案，如图6-1~图6-3所示。

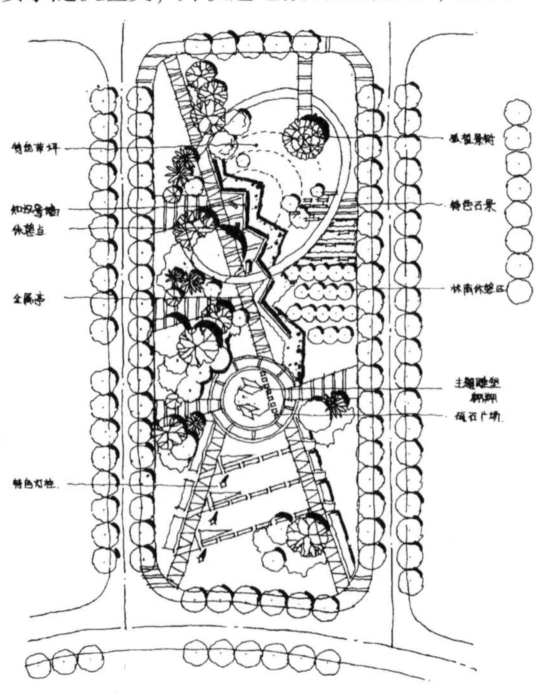

图6-1　街旁绿地布局平面方案设计

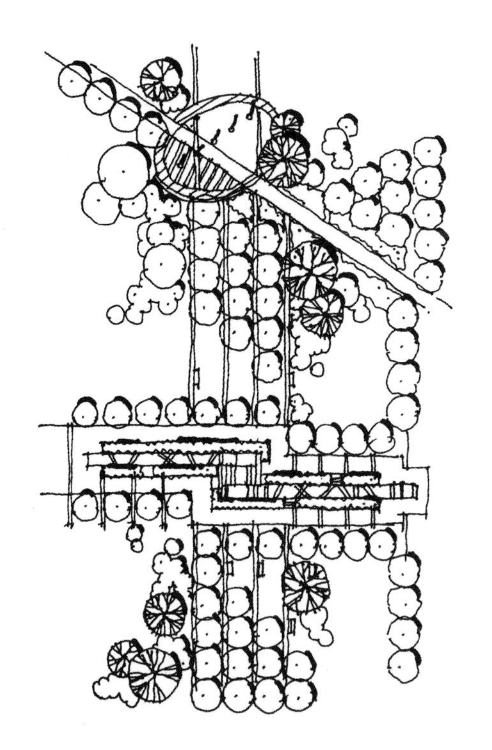

图 6-2　节点公园布局平面方案设计

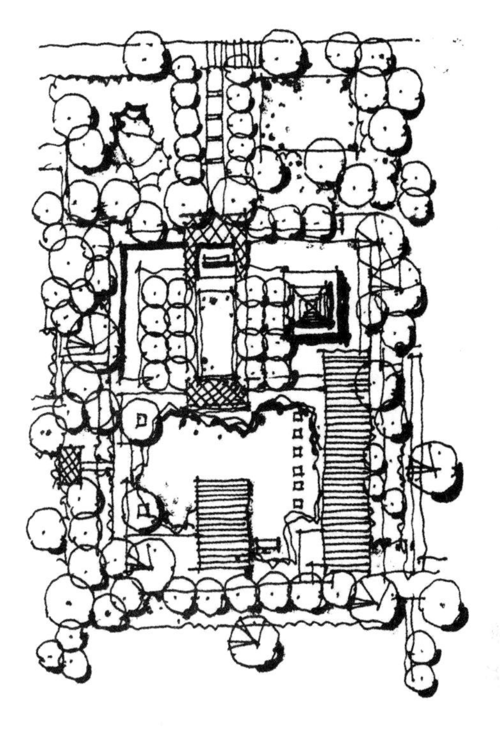

图 6-3　节点公园布局平面方案设计

6.2　景观手绘快题的内容

快题设计在命题类型上，通常包括了居住区绿地、公园绿地、城市广场、商业广场、校园绿地和其他类绿地等，场地设计面积从几百平方米到几十公顷不等。作为考试的快题设计一般会根据场地大小、内容的多少分为 3h、6h、8h 等考试用时。常见的快题设计一般包含以下的图纸内容(图 6-4)：

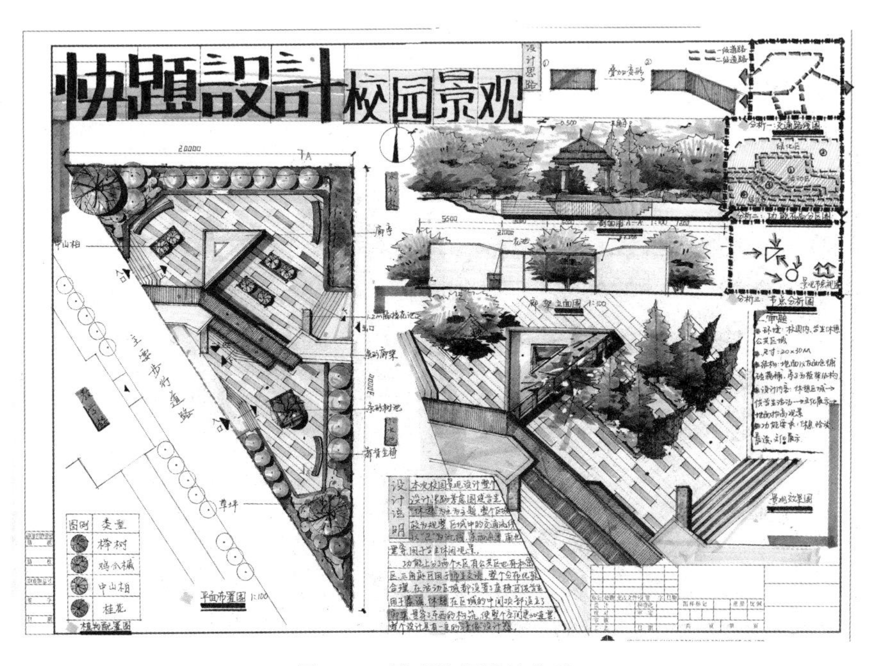

图 6-4　景观快题设计作品

① 任务书。包括场地基地图纸、周边环境、文字要求等。
② 现状分析、结构性分析。这部分作为设计的构思阶段，常以分析图的形式来展现推敲方案的过程。
③ 景观平面图。
④ 鸟瞰图和效果图。
⑤ 剖面图。
⑥ 设计说明、标题、图面注释文字、图例、指北针和比例尺。

6.3 景观手绘快题的绘制方法

6.3.1 POP 字体讲解

POP 字体也是整个快题的重要内容，好的 POP 字体能为整个快题“加分”不少，其实这种字体并不复杂，为了应对考试我们只需掌握能够快速出效果的字体即可。这种字体遵循“三分之一”原则，如图 6-5所示。

图 6-5　字体设计

字体在图面中占有相当的比例，为立足于画面整体感，字体的形态应当避免张扬凸显，淡化笔触细节，将字体排列规则整齐，尽量使之成行、成列，连接成举行条带状的色块。

绘制字体时首先要统一字体大小尺寸，其中标题和图名必须划格起稿，标注与说明等较小字体不必逐字划格，但建议用两条平行线统一字高。字格大小有三种就足够了，对于 A1 图纸，大标题取 35~50mm；次标题取 20~30mm；图名取 10~15mm；文字或数字标注取 5~7mm。同一字体应避免出现大小不一的情况。其次要控制好字格间距，避免散布。对于图名，字体间距拉宽常采用字体下方添加一道马克横线的方法连成整体。笔画宽度一般随字格大小而变化，绘制时用笔方式可适当调整。对于书法不好的应试者可学习速成的等线字，这种字体具有笔触简洁、笔画平稳、字架均匀、外廓整齐的特点。

6.3.2 分析图表达

在方案的构思过程中，需要借助各种各样的分析图来表达设计过程。在景观快题钟常见的景观分析图包括功能分析、景观结构分析、交通分析、视线分析、高程分析等。在绘制景观分析图的时候，通常运用抽象图形、符号等表示相关元素(图 6-6)。

(a)功能区分析图元素绘制

(b) 线路分析图元素绘制

(c) 节点分析图元素绘制

图 6-6　分析图元素

(1) 景观功能分析图

功能分析图是在平面图的基础上，通过抽象概括的线条或色块对场地内不同功能区域进行划分，并标注出功能区域的名称或给出图例。功能分区图一般根据场地的性质来进行划分，要求体现出功能区域的位置、不同区块相互之间的空间关系。绘制表达上通常以简单的几何形体或不规则形状，用不同的颜色区分，线框通常采用较粗的虚线或实线(图 6-7)。

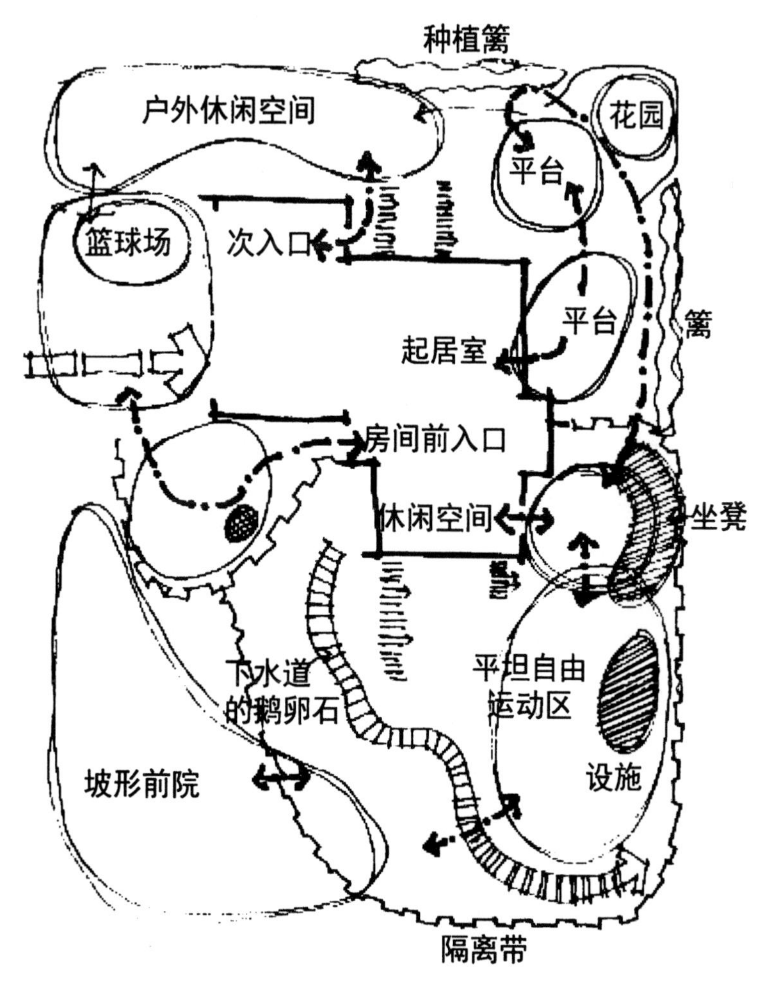

图 6-7　景观功能分析图

(2) 景观结构分析图

景观结构分析图主要表达景观空间内的出入口、景观节点、景观轴线等内容，在绘制的过程中出入口可采用箭头的形式；景观节点常用圆形的实线或虚线框表示；水系一般采用蓝色线条绘制出面积范围轮廓(图 6-8)。

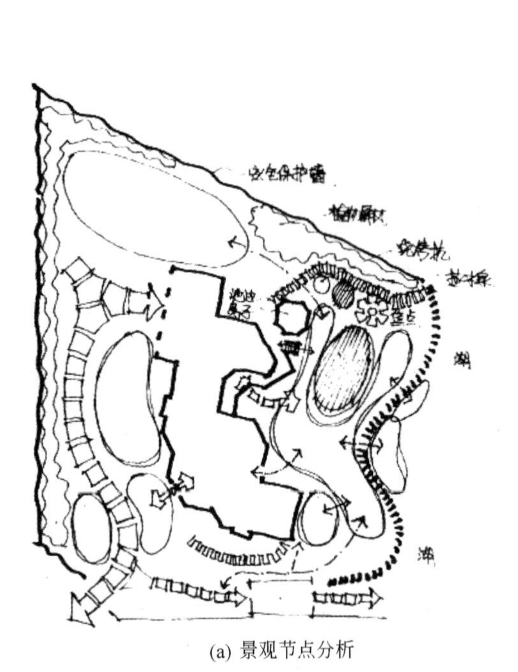

(a) 景观节点分析

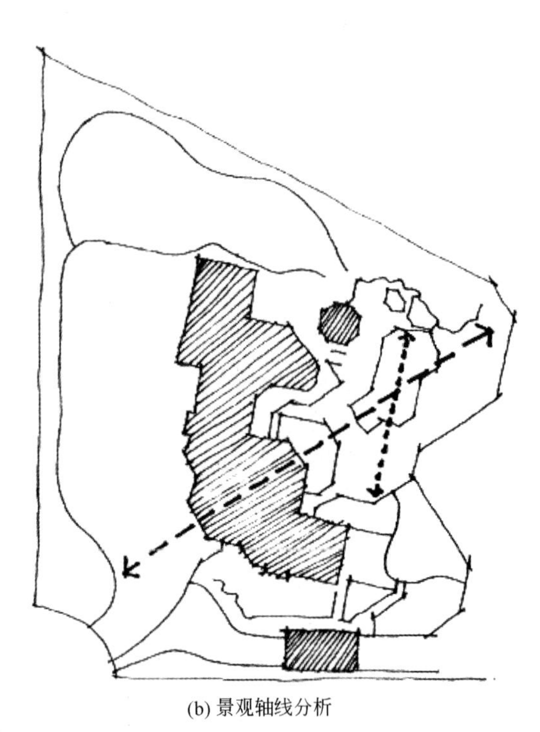

(b) 景观轴线分析

图 6-8　景观结构分析图

(3) 交通结构分析图

交通结构分析图同样基于平面图之上，主要表达景观空间内的出入口、各级道路以及道路之间的关系。在绘制的过程中，通常采用不同颜色的实线或者虚线表达不同等级的道路，并用箭头表达出入口(图 6-9)。

(4) 视线分析图

视线分析图所表达的内容主要以景观空间中不同节点视线上的联系，包括景观节点的视点、视距、视角、视线等。

(5) 高程分析图

高程分析图主要表达场地地形地貌的设计特征，可以通过等高线的方式表达。此类分析图在快题考试中一般不与平面图结合在一起绘制。

图 6-9　交通结构分析图

6.3.3　版式编排设计

景观快题通常绘制编排于 A1、A2、A3 尺度大小的图纸上，作为一个整体的版面，除了方案内容要绘制好之外，版面的编排也非常重要。具体在景观快题的版式编排中应该注意以下几点：

① 若作为升学、入职考试等形式的考核，务必认真审题，所用图纸大小严格遵循试题及任务书的相关要求。

② 图面版式编排均匀，尽量避免出现较大空白。景观快题图纸中，总平面图占图幅比例较大，包含一定的细节表达；立面图和剖面图图面内容较少则占比例较小；鸟瞰图、透视效果图具有一定的视觉表现力，不应图幅过小；分析图以抽象概括的形式呈现，结构简洁明了，不宜喧宾夺主。

③ 版面内文字书写清晰，排列格式整齐，字体工整统一，不宜占太大图幅。常见 A1、A2、A3 图纸排版方式如图 6-10~图 6-12 所示。

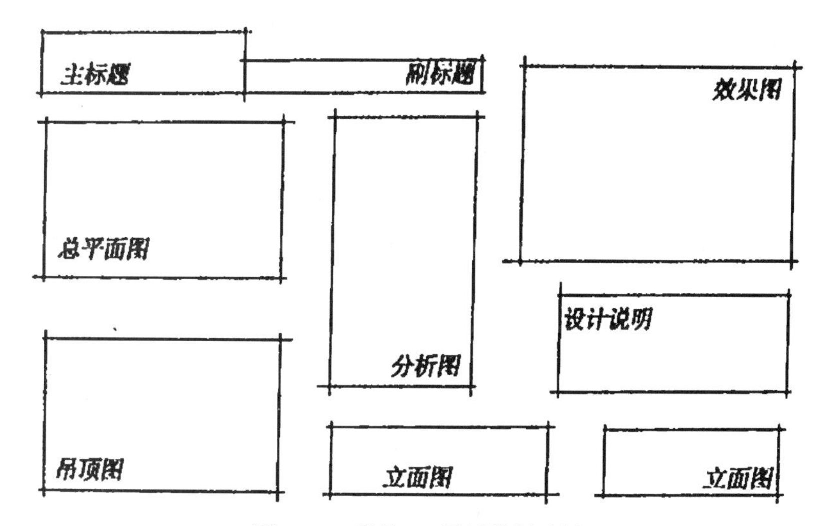

图 6-10　常见 A1 图纸排版示例

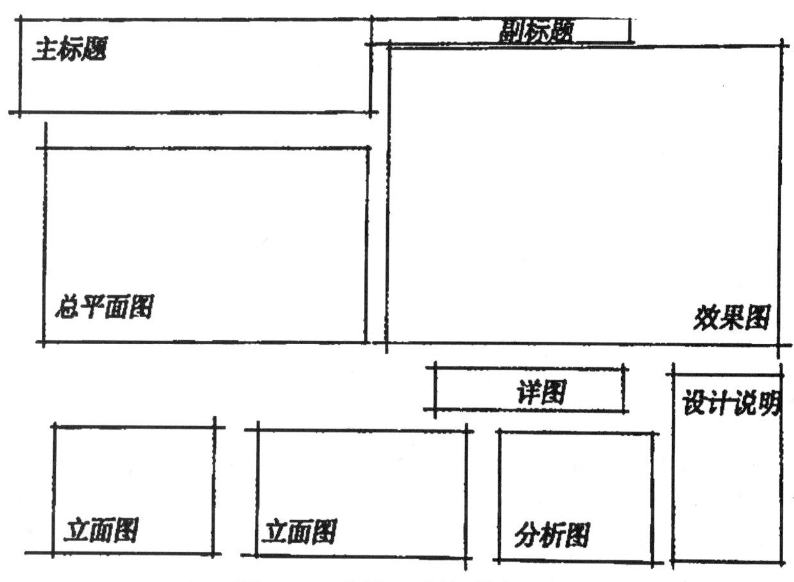

图 6-11　常见 A2 图纸排版示例

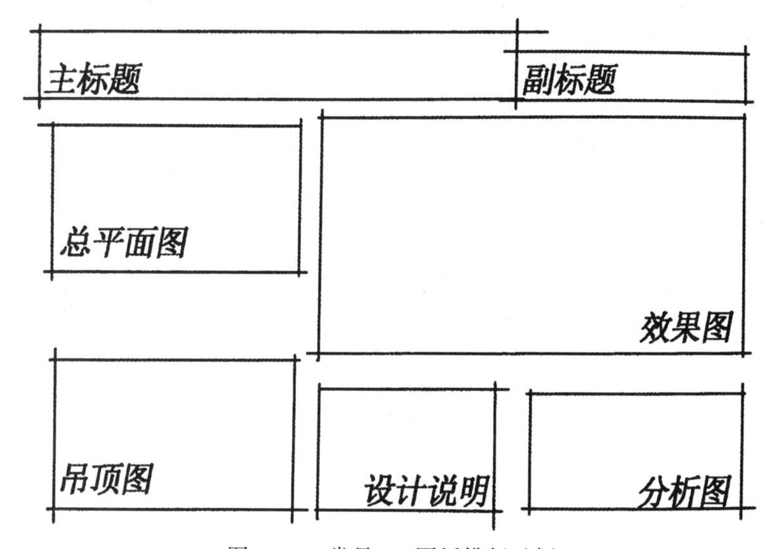

图 6-12　常见 A3 图纸排版示例

6.3.4 景观平、立、剖面图的绘制

（1）景观图绘制的基本知识

景观类图纸的绘制是将对景观空间中元素的组合按照一定的比例展示在图纸上的过程，对于景观平面图、立面图和剖面图的绘制，最基本的要求即是比例准确、图面清晰、易于认知。这就要求在图纸上必须具备以下内容：包含图名、指北针、比例尺（表 6-1），同时针对平立剖图标注必要的尺寸、标高以及相关的文字说明。

表 6-1 景观制图中常见比例尺

图纸名称	常用比例	可用比例
总平面图	1：500，1：1000，1：2000	1：2500，1：5000
平面、立面、剖面图	1：50，1：100，1：200	1：150，1：300
详图	1：1，1：2，1：5，1：10，1：20，1：50	1：25，1：30，1：40

（2）景观平面图

景观平面图是景观类图纸的基础，立面图和剖面图的绘制都要根据平面图来完成（图 6-13）。在绘制平面图的时候，应该注意以下几个方面：

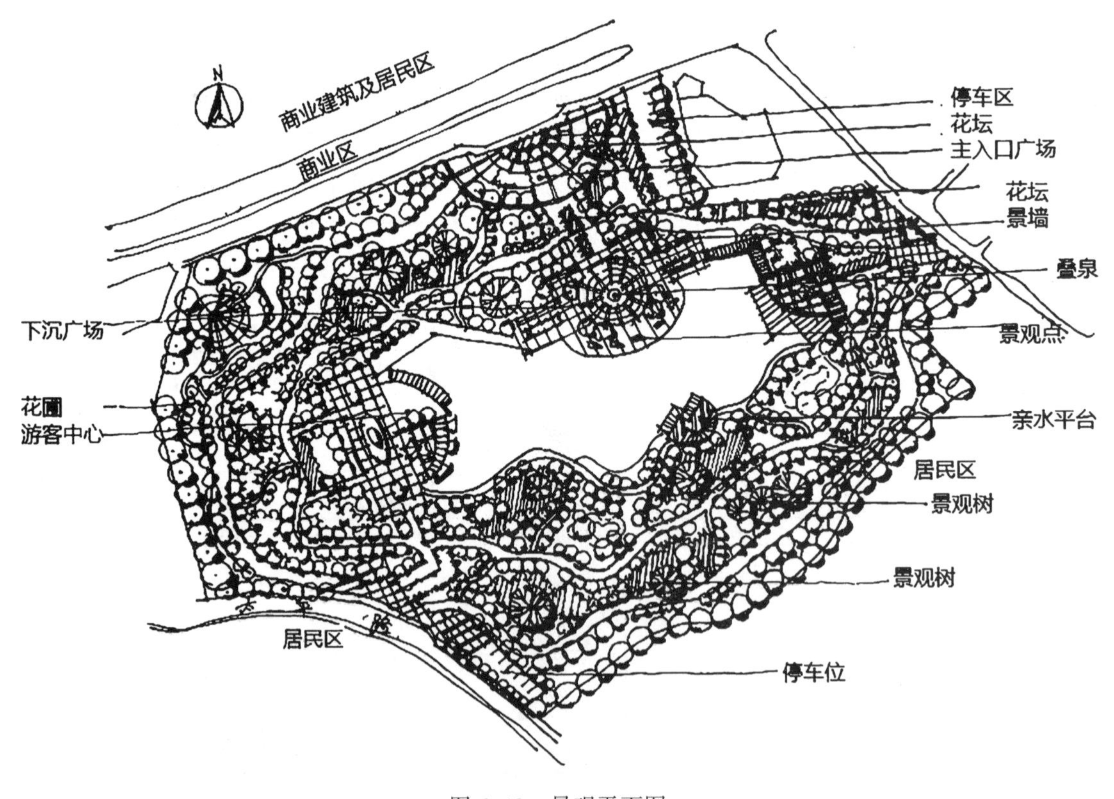

图 6-13 景观平面图

1）把握平面布局中构图的重点，突出画面的主次重点。

2）把握平面图中的色彩关系，色调上注意区分和对比，呼应和均衡的关系。

3）注意线性的选用，做到疏密得当。

4）绘制时应注意规范图例的画法，如风玫瑰、比例尺、指北针等应标注在总平面图里，常见画法如图 6-14 所示。

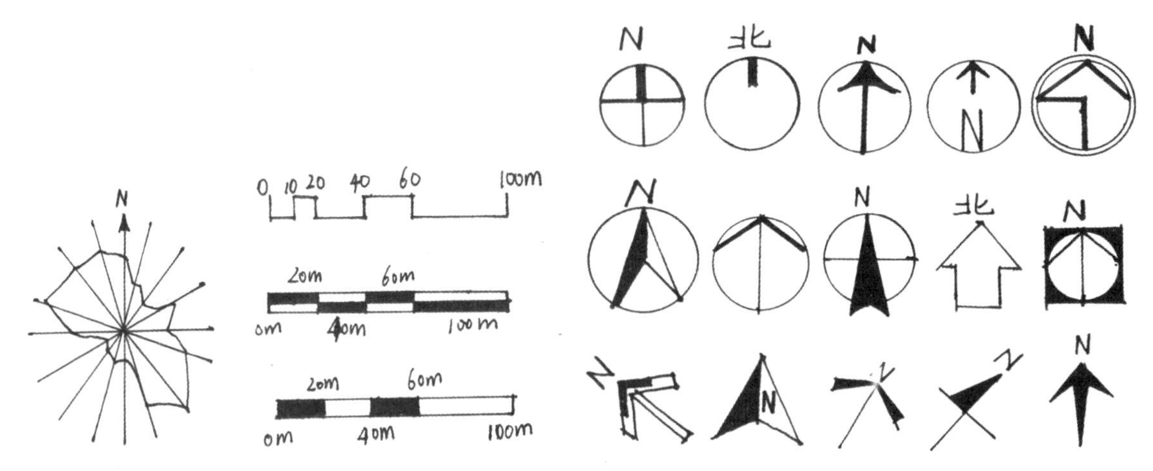

图 6-14　风玫瑰、比例尺、指北针常见画法

（3）景观立面图与剖面图

在景观空间设计中，立面图和剖面图是竖向空间表达的主要方式。

立面图即从空间中的某一个侧面方向对景观进行正投影，从而得到的视图。立面图可以让我们从不同的角度审视整个景观设计方案，在快题设计中主要反映竖向空间中标高的变化、地形的特征以及植物的种植方式等内容。

剖面图即在景观空间中假想一个铅垂面对空间进行切割，移除被剖切的部分，得到剩余的部分，其正投影视图则是剖面图图面绘制的内容。从剖面图中，我们可以得到景观设计场地范围内的地形高差、标高变化、水体深度、景观构筑物的形状和高度等。同时，在绘制的过程中需注意在平面图中用剖切符号表示剖面图的剖切位置。剖面图在整个快题中所占图幅较小，其植物的画法往往不需要太过复杂，只需标注出高差组合关系即可。在选择剖切角度时，要注意剖切地形有高差变化的位置，如图 6-15~图 6-19 所示。

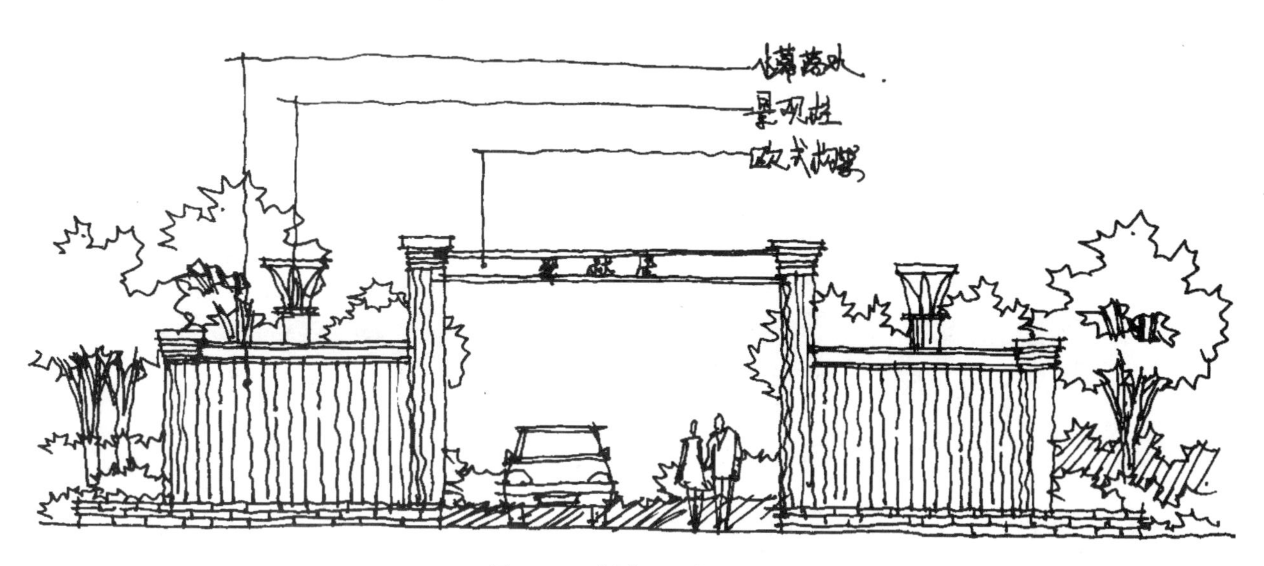

图 6-15　公园入口处立面图

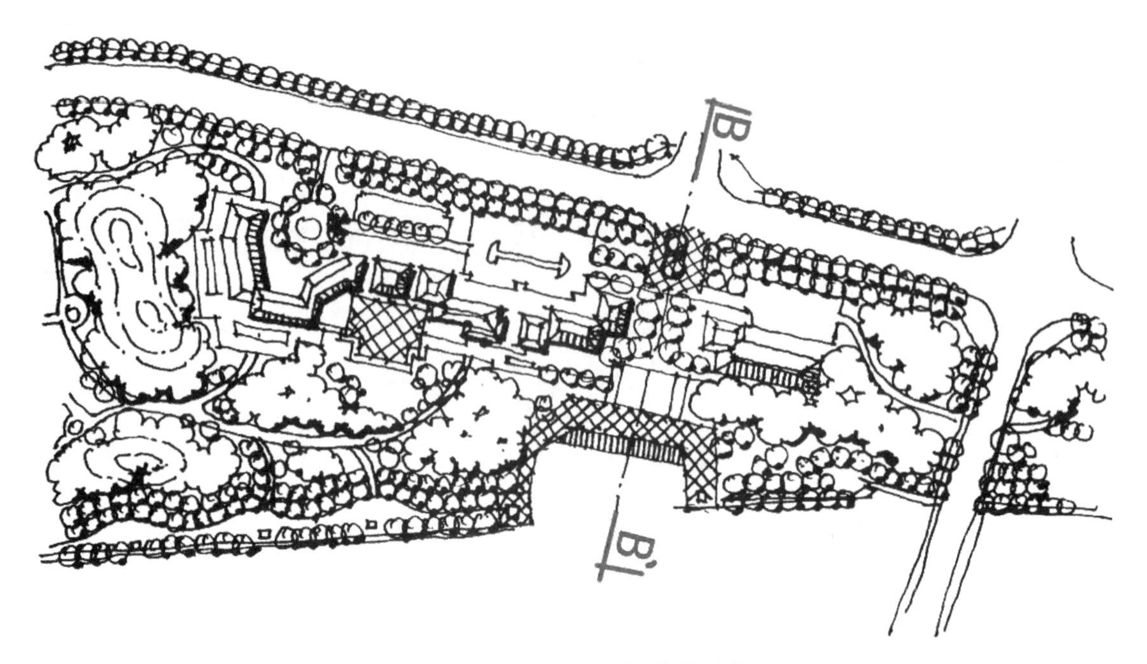

图 6-16　城市广场剖面符号示意

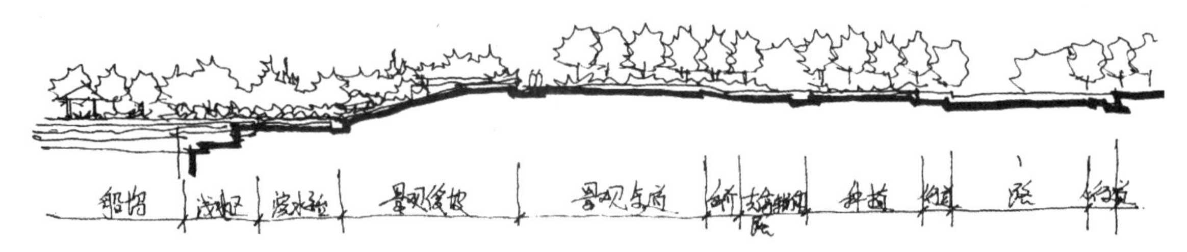

图 6-17　城市广场剖面图示意

图 6-18　城市公园平桥景观剖面示意

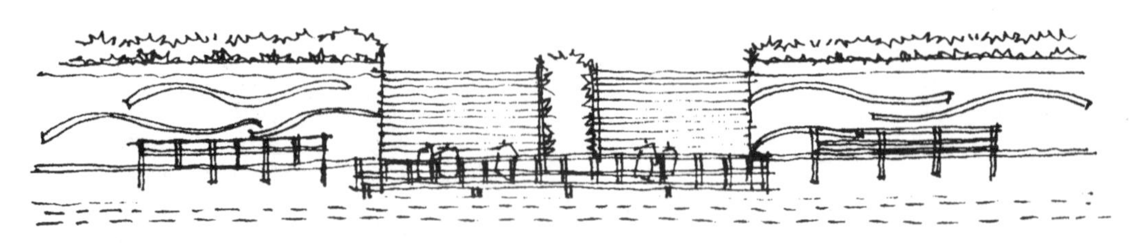

图 6-19　城市公园景观墙剖面示意

景观剖面图和立面图在绘制中需要与平面图图纸内容保持一致，景观空间中的各项元素的位置、尺寸、材质等需严格统一。在同一套景观快题方案中，无论是平面图、立面图或剖面图表现手法和风格、色调等应一致。

6.4　景观线稿作品赏析

（1）居住区景观手绘效果图赏析

① 根据平面图的形式绘制线稿效果图（图 6-20），线稿以典型的两点透视原理进行的表达。其中间的场地为围合空间，利用回字形木栈道和相关植物进行组织和设计，区分空间属性，进行场地的营造，场地前景通过不规则的景观石进行水景的围合，主次上处理较为分明。

图 6-20　居住区休闲步道与景观亭手绘表达

② 该手绘图建筑入口的场地为市民提供了开敞的休闲空间（图 6-21），并配备供人休息的座椅；场地旁道路选用曲线形式进行表达，提高了场地的趣味性，前后关系较为明确；植物的绘制上也有很好的表达，能够呈现出空间关系。线稿的绘制上，透视关系准确，线条表达轻松、准确，场地中体现一定的可达性。

图 6-21　居住区建筑入口处与小广场手绘表达

③ 该线稿为两点透视线稿表现形式(图 6-22)，地形因素是该场地的主要特征，呈现出高低不同的两种形态。场地中植物的绘制区分为近中远距离上的表达，有一定的空间感。东南亚风格中石象元素和水景的运用，配合景墙的变化，把该场地的风格特点表现得淋漓尽致。

图 6-22 居住区景观文化墙手绘表达

④ 该线稿表现为小区景观场地空间属性，为两点透视表达手法(图 6-23)。通过植物的群落关系和曲线景墙的围合设置，营造开敞式景观空间。线稿的绘制自然随意，有一定的表达能力。植物的空间层次关系和植物的选植品种是该场地最大的特点，高低错落有致，体现其多样性。

图 6-23 居住区景观步道手绘表达

⑤ 该线稿表达出场地的围合感(图 6-24)，体现出园林中的独特风格及设计特点。场地中的景观亭为空间的视觉焦点，通过景观亭的设计，配备不同方向的木栈道进行连接，体现一定的自然性，结合人本身具有的亲水近水性心理，进行水面营造，体现点、线、面的设计表达语言。

图 6-24　居住区景观亭手绘表达

⑥ 该线稿表达出来的空间进深感很强(图 6-25)，针对其空间中垂直面的特点，通过铺装进行了区分，更多地体现景观的形式感。场地中景墙的处理上，添加了流点状水的设计效果，最终流入面状水池中，作为景观水进行表达。景观亭和廊架的设计上，生动有趣地提升了场地空间的使用率，起到一定的使用效果。

图 6-25　居住区特色景墙和休闲亭手绘表达

⑦ 该线稿植物的种类很多，场地中进行了合理的调整和优化(图 6-26)。线稿绘制严谨，远处建筑作为画面中的配景，主要体现空间植物绘制的多样性。对于大面积的水域，在绘制上进行了合理处理，体现疏密关系和空间结构。

图 6-26　居住区特色水景环境手绘表达

(2) 公园景观手绘效果图赏析

① 该线稿画面呈现为典型的东南亚风格景观，具有很强的识别度(图 6-27)。建筑的高耸设计风格是比较经典的。绘制的场地中出现了椰子、棕榈等热带植物的应用和一些景观雕塑的绘制，起到很大的衬托作用。中间规则的条形花池把场地分为两大部分，更具有趣味性。

图 6-27　泰式风格公园景观手绘表达

② 该手绘图为新中式风格的公园景观(图 6-28)，八角亭的绘制为画面的中心焦点，用水上木栈道进行连接，配有护栏措施，提高了整个空间的安全性，具有一定的可达性。功能上更加凸显其休闲娱乐功能。植物绘制中前后处理关系合理，水面荷花的绘制更有其特殊的寓意，也可以反映出一定的场地意境。

图 6-28　中式风格公园景观手绘表达

③ 该场地为东南亚风格景观设计，建筑有泰式风情(图 6-29)。所有植物选用热带地区常见植物，有一定的地域性和本土特色。水面为前景，具有开阔感；配备水生植物，打造小气候环境。画面右边设置有景窗和花廊，体现空间的疏密关系，对前、中、后景观的描绘处理得当，有一定的空间感。

图 6-29　公园特色景观廊手绘表达

④ 该线稿表现内容为特色水景空间，为一点透视原理的线稿图(图 6-30)。通过水景墙的设计，使空间一分为二，起到一定的围合作用和庇护性。该空间地面铺装的选材充分地展现出空间属性，针对场地的私密性表达上，进行了文化砖材料的景墙设计，形式上错落有致，对场地的氛围起到烘托作用。

图 6-30　现代风格公园景观手绘表达

⑤ 该线稿表现为户外开放空间，属于节点景观设计(图 6-31)。植物多样，有高大的乔木、亚乔木、球状灌木丛，进行空间的限定和围合。景观墙的设计有一定的特色，针对地形的高低，设计了台阶进行连接，树池的放置使原有的规则场地分隔，规范了人的行为和路线，起到一定的表达效果。

图 6-31　公园植被景观手绘表达

⑥ 该场地为新中式风格的景观设计(图 6-32)，栈道连接景观亭和场地中的景观点，地形上有不同变化，体现地形高低差特色。景观亭作为视线的最高点，有视觉焦点的效果。前景为规则性水面，设计小型水车和特色水生植物进行配景，岸边放置不规则景观石进行驳岸处理，一定程度上具有良好的视觉效果。

图 6-32　新中式风格公园景观手绘表达

⑦ 该线稿为特色水景营造(图 6-33)，具有一定的吸引力。该空间通过营造流水潺潺的空间效果，地形高低错落。陶罐的摆放是该空间的一大特色，形式上有卧罐有立罐，体积形状也不一，有的罐子实则具有花钵的使用效果，有的陶罐罐口作为水流方向和位置，具有一定的吸引力和视觉感。

图 6-33　公园特色水景小品手绘表达

（3）广场一角手绘效果图赏析

① 该线稿体现了城市公共空间环境特色（图6-34），参照一点透视原理进行的绘制。道路上方设置有张拉膜结构，体现现代时尚，道路一侧设计有台地景观，通过植物的群落关系进行处理；另一侧场地中设计有供人们休息的座椅，满足人们的需求。

图6-34　城市广场张拉膜景观手绘表达

② 该线稿通过鸟瞰图视角进行的空间展示（图6-35），内容丰富，有一定的设计语言。入口两边通过植物的运用，进行了界定。进入入口后，设计有开放式硬质铺装广场，并设置有放射状石材对地面进行处理，具有集中性。中景为规则式水面，设置有景观亭和必要步行栈道，提高了空间的丰富程度。

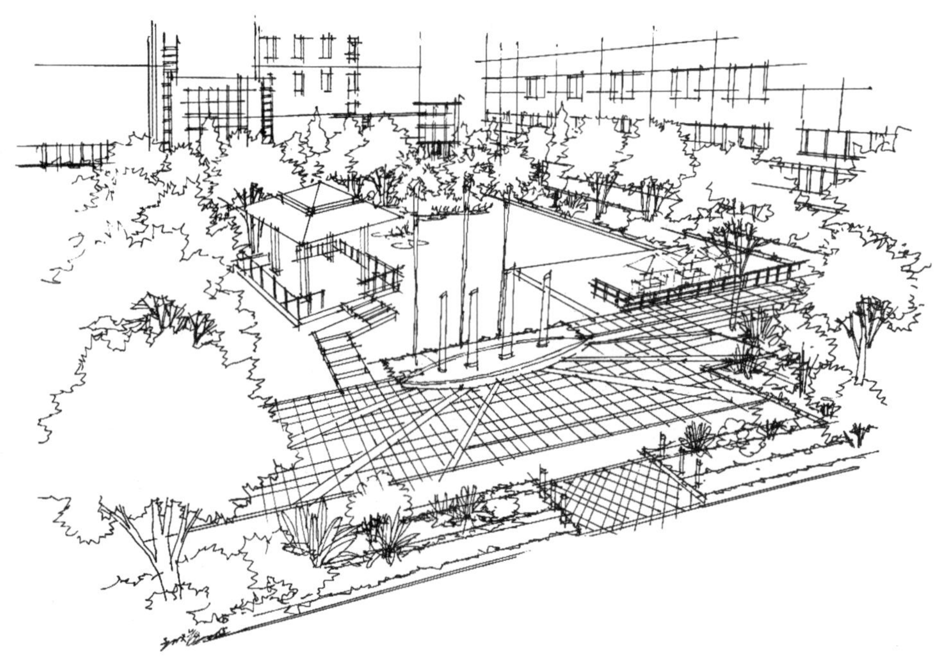

图6-35　居住区广场景观手绘表达

③ 该线稿为鸟瞰图视角进行的绘制(图 6-36)。近中远景观设计合理，其中近景为亲水平台和连接系统，呈现场地功能特点。中景为两个方形水域，体现景观营造中面元素的特点，界限清晰，利用植物的围合关系进行了限制。远景为高低错落的建筑，绘制合理。通过不同空间的布局设计，最优地体现场地的功能属性。

图 6-36　城市开放广场景观手绘表达

(4) 商业广场景观手绘效果图赏析

该线稿为中庭景观设计(图 6-37)，通过限定的空间展示场地鲜明的个性特征。左右水景营造较为合理，配上水生植物，起到一定的效果。左右对植的植物高低不同，具有强烈的视觉冲击力。地面进行了防腐木铺装处理，体现自然设计语言。

图 6-37　商业广场特色水景手绘表达

（5）其他效果图展示

图 6-38　休闲公园一角景观手绘表达

图 6-39　街旁广场空间手绘表达

图 6-40　特色公共空间构筑物手绘表达

图 6-41　建筑入口处景观手绘表达

图 6-42 建筑入口植物景观手绘表达

图 6-43 居住空间节点景观手绘表达

图 6-44 特色民宿景观手绘表达

图 6-45　公园微地形景观手绘表达

图 6-46　商业建筑景观手绘表达

图 6-47　特色住宅空间景观手绘表达

图 6-48　公园特色节点景观手绘表达

图 6-49　公园特色景观亭与植被景观手绘表达

图 6-50　居住空间休闲景观手绘表达

图 6-51　城市公共空间景观手绘表达

图 6-52　广场一角景观手绘表达

参 考 文 献

[1] 保罗·拉索. 图解思考：建筑表现技法[M]. 北京：中国建筑工业出版社，2010.
[2] 凯文·林奇. 城市意向[M]. 北京：华夏出版社，2010.
[3] 王向荣，林菁. 西方现代景观设计的理论与实践[M]. 北京：中国建筑工业出版社，2002.
[4] 邬建国. 景观生态学：格局、过程、尺度与等级[M]. 北京：高等教育业出版社，2012.
[5] 扬·盖尔. 交往与空间[M]. 北京：中国建筑工业出版社，2003.
[6] 尹赛，郜杰，赵玉凤. 景观设计原理[M]. 北京：中国建筑工业出版社，2018.
[7] 格兰特·W·里德. 园林景观设计从概念到形式[M]. 北京：中国建筑工业出版社，2004.